天体のふしぎがわかる
星と星座の図鑑

口袋观星指南

[日] 永田美绘 著 卞玉珍 译

SPM 南方传媒 | 广东人民出版社
·广州·

序言 欢迎来到夜空教室

大家在出门旅行之前，是否会提前准备当地的地图或查询当地景点的攻略呢？

虽然来一次毫无计划的随心之旅也别有一番风味，但若能在出发前就对目的地的景点、历史文化等有所了解，这趟旅行不就会更加有趣吗？

欣赏星空也一样。**尽管随心所欲地仰望星空也很不错，但若能提前了解一些星座及天体知识的话，可供享受的这片夜空也将趣味倍增。**如果对每个季节的星空最佳观测方向和可能出现的天象奇观都了然于胸，有时可能会遇到此生再难看见的绝美景象。

我从小就爱抬头望天。空中飘浮的云朵和斗转星移的变化常常会将我领入一个充满好奇的世界。

我尤其钟爱天空从一片火红逐渐转变为靛蓝的时分。

我常在我家附近登高望天。夕阳西下，一片壮观的深红色晚霞铺满了西方的整个天空。那震撼人心的色彩，使得我每每遇到那样的晚霞都兴奋不已。

接着靛蓝色的夜空中出现了第一颗星星。然后是第二颗、第三颗……不知不觉，夜空中的整个星座都变得清晰可见。

抬头望着这幅光景，我的心情不由得舒畅起来。

从我们不经意仰头看到的夜空中，古人提出了“星座”的概念。若对星星一无所知，满天的星辰不过是一个个独立的点。他们却花费了大量时间，用一条条线将这一个个点串联起来，为我们留下了“星座”这个无法亲手碰触的宝藏。为此，今日我们才能同古人共望同样的星座。

事实上，各个星座并非像天文馆里的那样由线连接，我们也无法直接看到星座图。**但是我们可以通过“想象”这种看不见摸不着的力量，在夜空中“看”到古人所设想的各个星座。**

在我看来，猎户座从东方升起，就像一个魁梧的猎人提醒着我们冬天的到来。而狮子座会在傍晚天色还没完全暗下来时升至高空，那时的天气暖烘烘的，让人觉得它像一头正在卧着小憩的狮子。

星座的位置会随着四季的更迭而变化。这种运行活动从数千年前开始就一直重复着，丝毫未变。古人在仰望这些星座时，有什么所思所想呢？带着这样的问题举目望空也不失为一种乐趣。

我在日本放送协会的电台节目《儿童科学电话咨询》中担当天文部分的主持人，和我一起参演节目的脑科学家筱原菊纪老师曾经这样跟我说过：

“人向上看就不会失落。当向上看时，大脑往往会想一些积极、成功或是未来的事情。当低下头时，大脑则往往倾向于想一些消极、失败或是过去的事情。”

如此说来，向上看对我们的大脑也有好处呢。

所以，当我在天文馆为游客进行讲解时，我总是告诉他们：**“当你感到疲倦、沮丧或者思考的时候，就请试着抬头看看天空吧。”**

郁郁寡欢的游客来到天文馆，离开时都会露出笑脸。我将这称为天文馆魔术。

仰望天空，就是向上看。

这也是能让大家向前看，稍稍打起精神的事情。

这本书类似于旅行指南。就算不从头开始阅读，只是按季节的顺序或者从想要了解的星星的部分开始浏览，这本书也会一直陪伴在大家的身边，待君展读。

阅读之后，哪怕只是对星星和星座略有了解，相信大家对头顶夜空的印象也会逐渐变化，为抬头望天这件事增添一丝趣味。

同时，我希望它能够开阔大家的胸怀。

现在，让我们和这本书一起踏上太空之旅吧！

目录　Contents

探索星座世界：
你需要知道的事儿

帕尔迪耶方形天球图

春季星空看点 58

夏季星空看点 108

秋季星空看点 166

冬季星空看点 206

南半球星空看点 240

c o l u m n

专栏

故事

Story

观测者所处的经纬度不同，容易观测到星座的时间也有所不同。本书所记述的最佳观测时间基于东京的地理位置。

探索星座世界：你需要知道的事儿

Q 星座究竟有多少？

据说，星座的起源可以追溯到距今 5000 多年的公元前 3000 年左右。

美索不达米亚文明诞生在如今的伊拉克境内，孕育于两河——底格里斯河与幼发拉底河——之间。在两河之间的这片土地上，农业曾蓬勃发展。

美索不达米亚人会利用星星来确定农作物种植和收获的时间。因为他们发现：星星的位置会随四季的更迭而变化。

最早被划分出来的星座是“黄道 12 星座”，也就是现在人们所熟知的生日星座。

由于地球绕太阳公转，而我们又生活在地球上，所以在我们看来，太阳似乎会依次穿过各星座回到原点，周期

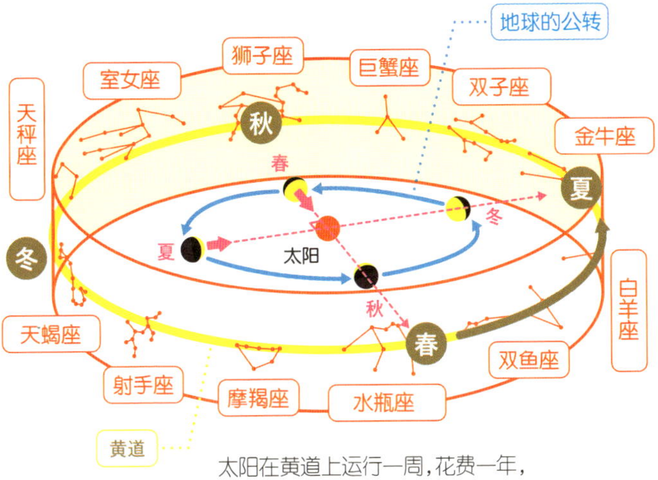

太阳在黄道上运行一周，花费一年，
回到最初的星座

是一年。我们所看到的太阳“走”过的这条路线就叫作黄道，黄道上的星星也就构成了黄道 12 星座。从白羊座开始，依次为金牛座、双子座、巨蟹座、狮子座、室女座（又名处女座）、天秤座、天蝎座、射手座、摩羯座、水瓶座、双鱼座，然后又回到白羊座。我们现在所使用的历法就是依据太阳与星体的运动规律制定的。

提起黄道 12 星座，人们常常会将其跟星座占卜画上等号，但用它们来进行占卜则是很久以后的事了。

公元前8世纪左右，星座文化随地中海贸易传至希腊，并与希腊神话相结合。人们按照神话故事中的出场人物，将星座划分成了猎户座、仙女座等。随后，人们又在夜空中找到了更多星座，它们与神话故事一起流传至今。

公元2世纪，活跃在希腊地区的克罗狄斯·托勒密（Claudius Ptolemy），著有一本名为《天文学大成》（*Almagest*）的天文学著作。后来，该书因其古阿拉伯语译本《至大论》而为众人所熟知。该书中共记录了48个星座，除一个星座（南船座[1]）以外全部保留至今。（南船座形似帆船，因其船体过大，后被分为4个星座。）这本书问世后空前畅销，48个星座也一直沿用到了15世纪左右。此前的所有星座皆诞生于北半球。然而，随着15世纪大航海时代的来临，大批航海家开始南下远航，一片从未在北半球出现的星空被人们发现，全新的南半球星座也就应运而生。

与北半球的星座不同，南半球的星座划分并未与希腊神话相结合，而是来源于当时的罗盘、航海尺等航海用具，以及新近发明的望远镜、显微镜，甚至是南半球的鸟类等

1　又名阿尔戈座，英文名为“Argo Navis”。（本书注释均为译者注）

生物。

就这样，人们开始到处肆意给星座命名，一个又一个的新星座也如雨后春笋一般不断涌现。由于当时很多天

文学家都是为国王或贵族服务的，所以也掀起了一阵以国王或是雇主的名字来给星座命名的私人星座热。然而，由于星座数量多起来后一发不可收，1922 年，国际天文学联合会（International Astronomical Union，缩写为 IAU）决定将天空划分为 88 个星座区域，并于 1928 年明确了各个星座的边界。

现在我们能在夜空中看到的每一颗星星都属于这 88 个星座中的某一个。

罗马法尔内塞宫穹顶壁画的托勒密 48 星座图

Q 星系是什么?

如果你去到一个拥有美丽星空的地方，你会看到数不胜数的星星。在特定的季节和时间，或许你还能看到由数千亿颗星星汇聚而成的银河。然而，不管这些星星的数量有多么庞大，它们几乎都归属于银河系。从整个宇宙的角度来看，我们能看到的恒星离我们都非常近。

银河系的外围还存在着由无数恒星（自身会发光的星体）组成的河外星系。比如仙女座星系，它位于距银河系大约 250 万光年以外的地方，秋季傍晚用肉眼依稀可以看到其在夜空中闪闪发光。

“1 光年”指光在一年中走过的距离（约 9.46 万亿千米）。因此，250 万光年指以光速行进 250 万年所经过距离。又因为光的速度是 30 万千米每秒（约等于地球周长的 7.5 倍），所以仙女座星系与我们所在的地球之间的距离大到令人难以置信。即便二者相距如此之远，银河系和仙女座星系都同属于一个星系群——室女座超星系团（Virgo Supercluster）。

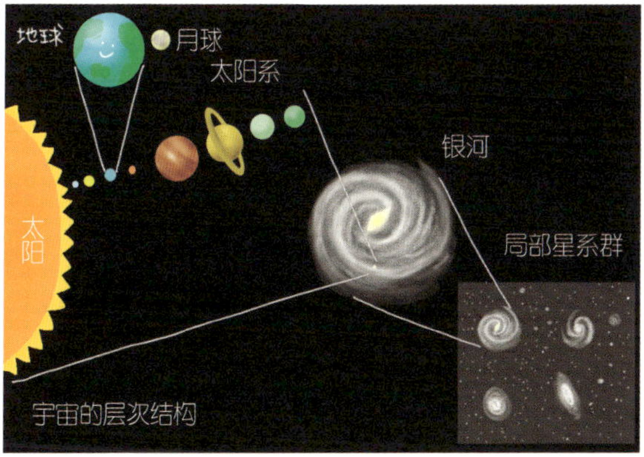

室女座超星系团直径约 2 亿光年，其中包含银河系、仙女座星系和靠近银河系的大麦哲伦星系等大约 100 组星系群和星系团，室女星系团就位于该超星系团的中心密集部分。

室女座超星系团之上还有更大的天体结构——拉尼亚凯亚超星系团（Laniakea Supercluster）。该星系团拥有包含室女座超星系团在内的大约 10 万个星系。而我们所在的太阳系则位于银河系中长约 1000 光年的猎户座旋臂上。也就是说，地球在宇宙中的详细定位是“拉尼亚凯亚超星系团—室女座超星系团—银河系—猎户座旋臂—太阳系的第三颗行星”。

美国天文学家埃德温·哈勃（Edwin Powell Hubble）曾用威尔逊山天文台的反射望远镜对星系进行观测。1929 年，哈勃发现距离我们越近的星系退行速度越慢，反之，距离我们越远的星系退行速度越快。这也被称为“哈勃定律”。此后，在此定律的基础上又进一步推出了“宇宙膨胀说”和“宇宙爆炸起源说”。

学术界现在普遍认为宇宙中可能存在约 2 万亿个星系。这些星系并不是静止不动的，它们在移动的过程中有时也会发生碰撞和融合。据悉，我们所在的银河系也将会在 40 亿年后与仙女座星系发生碰撞。

模拟碰撞实验显示，受彼此间引力的影响，这两个相互靠近的星系最终会碰撞合并。在宇宙范围内，星系间的碰撞并不罕见。

不过，话又说回来，或许你会认为星系间的碰撞是一件非常可怕的事情，但事实并非如此。因为宇宙中的大部分空间都空无一物。星体之于宇宙，就像是一个飘浮着的玻璃球之于整个体育馆。

即使馆内再多一个玻璃球，它们相互碰撞的可能性也极低。因此，就算星系间发生碰撞，我们也不必太担心各星体之间会发生碰撞。

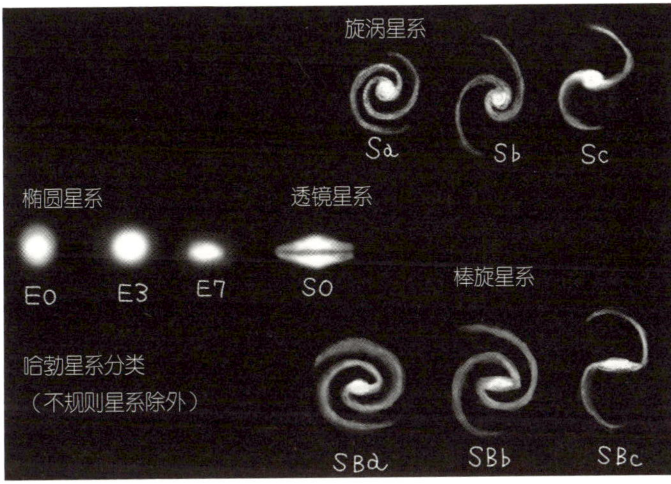

"哈勃定律"现在被称为"哈勃－勒梅特定律"（Hubble-Lemaître law）。事实上，早在哈勃发表论文的两年前，比利时天文学家乔治·勒梅特（Georges Lemaitre）就已经发表了类似内容的论文。为纪念勒梅特所做出的贡献，2018年国际天文学联合会宣布正式将该定律更名为"哈勃－勒梅特定律"。

Q 宇宙中的天体到底有多少种？

太阳和构成各个星座的星星被称为“恒星”，是自身就会发光的星体。

我们所在的太阳系中有水星、金星、地球、火星、木星、土星、天王星、海王星这 8 颗行星围绕着恒星太阳进行公转运动。围绕行星旋转的星体被称为卫星。月球就是地球的卫星。太阳系中，拥有卫星的行星有地球、火星、木星、土星、天王星和海王星。

除恒星、行星和卫星以外，太阳系内还有小行星、彗星等各种类型的星体。而说起有名的小行星，要数“糸川”（25143 号，一译“丝川”）和“龙宫”（1999JU3 号）了吧。小行星探测器隼鸟号和隼鸟 2 号分别对这两颗小行星进行了探测，并且隼鸟号在“糸川”表面成功着陆。这在当时可是个大新闻，想必大家都有所耳闻吧。

据说太阳系中存在着数百万颗小行星，其命名权一般属于发现者个人或团队。

实际上，夜空中也有一颗以我的名字“Mie”（音译，

围绕太阳公转的 8 颗行星

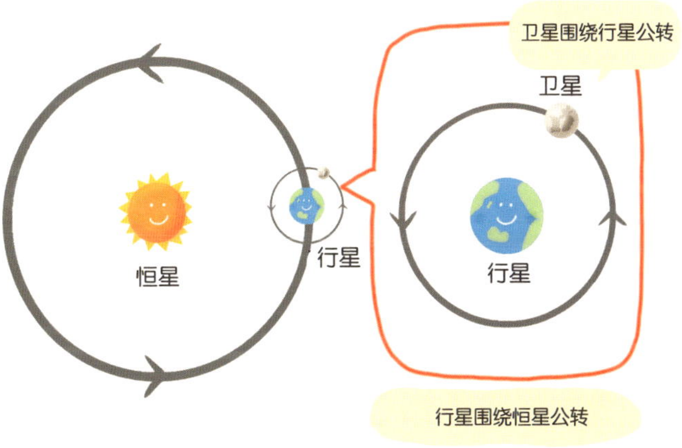

恒星、行星和卫星之间的区别

读作“米艾”）命名的小行星。我曾在东京涩谷的五岛天文馆任职。该馆闭馆之际，一位发现了许多小行星的前辈以我的名字为这颗小行星命了名。不光是我，当时在馆内任职的解说员们都有份儿。他希望我们就算是换了工作，相互别离，也能在宇宙中相聚。那位前辈现在和我同在一个天文馆工作。

彗星拖着长长的尾巴，是可在夜空中观测到的小型天体。因其外形酷似扫把，也被称为“扫把星”。大家有看到过它的身影吗？过去，哈雷彗星、百武彗星、海尔－波普彗星等都曾造访地球。与流星不同，彗星在夜空中看起来几乎是静止的。当彗星靠近太阳时，彗核受热释放出的尘埃和气体就构成了其长长的尾巴。

接下来，让我介绍一下太阳系之外的天体。

透过天文望远镜，我们可以看到各式各样的天体。

大家听说过“昴星团”吗？其英文名为“Pleiades”，是在冬季傍晚的天空中能观测到，凭肉眼就能看到 6 ~ 8 颗恒星汇集在一起的天体。这种由多颗恒星聚集而成的天体就是“星团”。

像昴星团这样由数十到数千颗恒星组成的星团被称为“疏散星团”，由成千上万甚至数百万颗恒星聚集而成的高密度球状天体则被称为“球状星团”。

由气体和尘埃汇聚而成，看起来像要遮挡住星光的云雾状天体被称为“星云”。

星云包括依靠周围恒星光照而发光的“亮星云”和自身并不发光的“暗星云”。暗星云通常无法直接观测，但由于其密度足以遮蔽来自背景的光，所以看起来像是一团黑色浮在星空中。

宇宙中存在着众多星云，而星云孕育了恒星。

疏散星团

疏散星团是由数十到数千颗数量不等的年轻恒星汇聚而成的不规则星团。因为常见于银河沿岸，所以也被称为“银河星团”。

球状星团

球状星团聚集了无数的发光恒星，外观呈球形，由银河系诞生初期最早形成的一批古老恒星组成。

弥漫星云

弥漫星云是由气体和尘埃构成的形状不规则的星云，主要集中在银道面附近，包括亮星云和暗星云。亮星云包含反射星云和发射星云两种。反射星云指因反射、散射恒星光而发光的星云。发射星云则指星际气体受到位于星云中心地带的大质量炽热恒星的辐射激发而发光的星云。

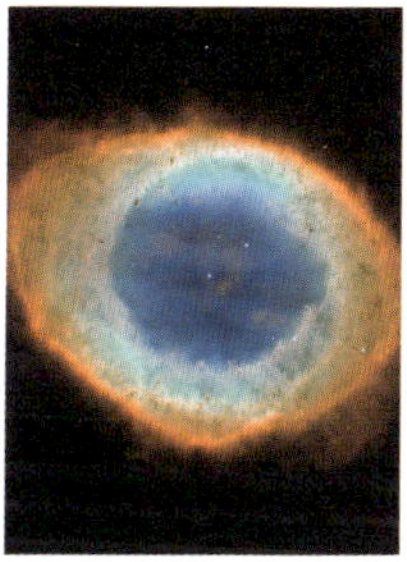

行星状星云

行星状星云是低质量恒星抛出的气体被中心恒星照亮而形成的星云，形似圆盘。

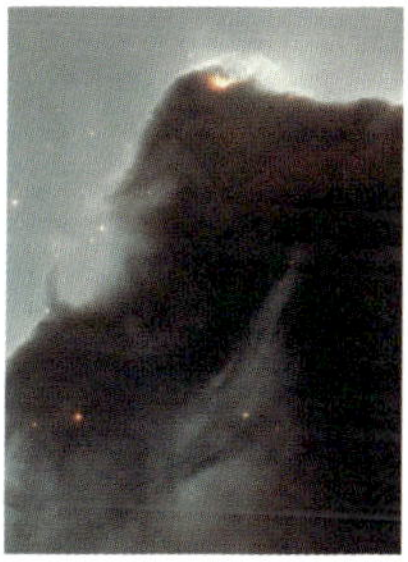

暗星云

暗星云是由尘埃和气体组成的星云。自身不发光，但能吸收其他天体发出的光，使其看起来像是明亮星河上突然破开的一个大口子。

专栏

column

梅西耶星表编号和 NGC 编号是什么?

M78 星云因其“奥特曼母星”的身份而闻名，其中这个 M 是什么意思呢?（顺带一提，M78 星云是真实存在的，但它当然与奥特曼的母星并无关系。）M 是法国天文学家查尔斯 · 梅西耶（Charles Messier）的名字的首字母。梅西耶是一位“彗星猎手”，他事先选择并记录了一批容易被误认为是彗星的天体——下文称作梅西耶天体，以便更好地寻找新彗星。梅西耶所编制的“梅西耶星表”（Messier number）在 1771 年到 1786 年期间共记录了星团、星云及星系共 110 个。如今仍有许多用该表中的 M 编号来称呼的星云和星团。顺便一提，M1 星云就位于金牛座蟹状星云。由于梅西耶天体相对容易观测到，所以业余天文爱好者们发起了一项名为“梅西耶天体马拉松”的活动，即在日落之后到日出之前，找到尽可能多的梅西耶天体。

随着时代的发展，望远镜的性能也不断提高。人们由此发现了更多的星云和星系。

为此，英国天文学家约翰 · 赫歇尔（John Herschel）编制了一个新的星表。后来，丹麦天文学家约翰·路易·埃

M1 M2 M3 M4 M5
M15 M16 M17 M20 M31
M42 M51 M63 M76 M82
M90 M96 M101 M104 M106

米尔·德雷耶尔（John Louis Emil Dreyer）对该星表进行了修正和增补，这就是1888年出版发行的《星云星团新总表》（*New General Catalogue of Nebulae and Clusters of Stars*，缩写为NGC）。其中包含了星云、星团和星系共7840个，涵盖了几乎所有的梅西耶天体。因此，我们常常可以看到，一个星体既有M编号，又有NGC编号。例如，仙女座星系的NGC编号为NGC224，但一般也会用其在梅西耶星表中的编号M31来称呼它。

Q 恒星的命运将去向何方？

恒星和人类一样都有寿命。然而它的一生是如此漫长，漫长到我们无法见证哪怕一颗恒星的一生。

然而，放眼宇宙，那里存在着处于各个“年纪”的恒星。我们可以通过观测这些恒星来了解它们的一生。

恒星的诞生始于气体。宇宙中存在氢、氧等可以构成恒星的元素。这些星际气体在引力作用下聚集在一起，逐渐形成了一个巨大的分子云团。

在中心引力的作用下，这个分子云团逐渐向内部坍塌，然后在周围聚集更多的气体。大家有没有玩过“挤馒头”[1]的游戏呢？我觉得，大家互相挤一挤时，身体会变得非常暖和。分子云内部的挤压也是一样。当分子云中心温度越来越高，最终超过 1000 万摄氏度时，就会发生核聚变反应，使得氢原子转化为氦原子，恒星由此诞生，在夜空中闪耀。

当恒星从诞生初期的“原恒星”演化成状态相对稳定

1　日本人在冬天会玩的游戏，游戏者背靠背手挽手相互推挤。

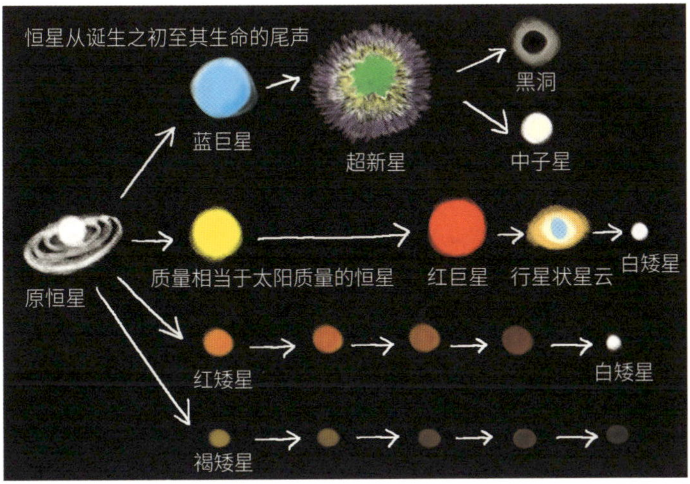

的“主序星”时，它将在此度过一段漫长的青壮年期。太阳就是一颗正值壮年的主序星。恒星的寿命取决于它诞生时的质量。

太阳的质量约为地球的33万倍，因其内部氢原子的核聚变反应而发光。然而，大约100亿年以后，太阳内部的氢原子将几乎悉数转化为氦原子。此后，太阳会变成红色，表面大幅膨胀，内部温度降低，这样的恒星被称为红巨星。继续膨胀的红巨星会释放出气体形成行星状星云，最终在中心形成一颗白矮星。

当一颗恒星的质量大于太阳质量的 8 倍时，它将以超新星爆发的方式结束自己的一生。恒星爆炸后会在中心形成密度极大的天体——中子星。此外，当恒星质量大于太阳质量的 25 倍时，爆炸后会形成黑洞（一种引力大到连光都无法逃脱的天体）。

而低质量恒星由于其内部较低的核反应速率，拥有更长的寿命（100 亿至 1000 亿年）。

不过，恒星在其一生中也会制造各种元素。

太阳虽能利用氢原子合成氦原子，但不能合成其他元素。而比太阳质量更大的恒星能通过进一步的核聚变反应产生碳、氧、镁、硫等元素。

恒星内部核聚变反应的最终产物是性质相对稳定的铁元素，随后的超新星爆发活动将产生比铁更重的元素。

实际上，元素变化非常重要。地球上的元素种类繁多，说明早在太阳形成之前，就已经有一颗大质量恒星发生了爆炸并产生了各种元素，这些元素构成了我们的地球和地球上的生命。

恒星爆炸产生各种元素，恒星残骸则会孕育下一代恒星，宇宙一直在重复这个过程。

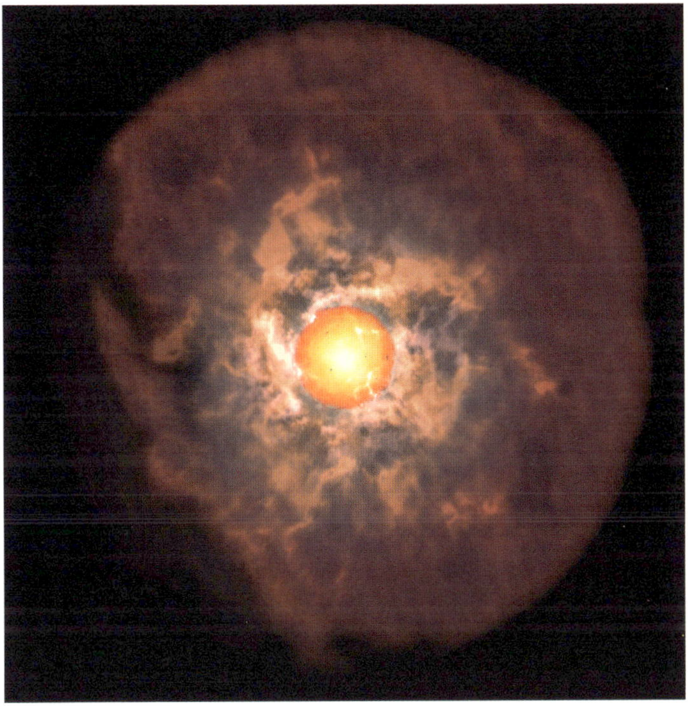

超新星爆发的图像

Q 为什么恒星的亮度和颜色会有细微的差别?

你是住在灯火通明的城市呢，还是住在少有路灯的郊外呢？在城市里的话，我们只能看到较为明亮的星星。而去到海边或山上的话，或许你也会惊讶自己能看到那么多不那么明亮的星星吧。

“星等”是衡量天体亮度的单位。

古希腊天文学家喜帕恰斯（Hipparchus，又名依巴谷）将恒星按照亮度分成不同等级，肉眼可见的最亮的 21 颗恒星为 1 等星，最暗的恒星则为 6 等星。现在普遍认为 1 等星的亮度等于 6 等星的 100 倍。

根据计算，星等数每相差 1，亮度大约相差 2.5 倍。另外，比 1 等星亮约 2.5 倍的恒星被称为 0 等星。比 0 等星再亮约 2.5 倍的恒星则在数字前加上负号，称为 –1 等星。构成星座的恒星中，最亮的是大犬座的天狼星，为 –1.5 等星。

然而，这个亮度只是地球上观测者所见的天体亮度。太阳之所以看起来很耀眼，是因为它离我们所在的地球很近，其他恒星也本应像太阳一样耀眼。一颗看起来很暗的

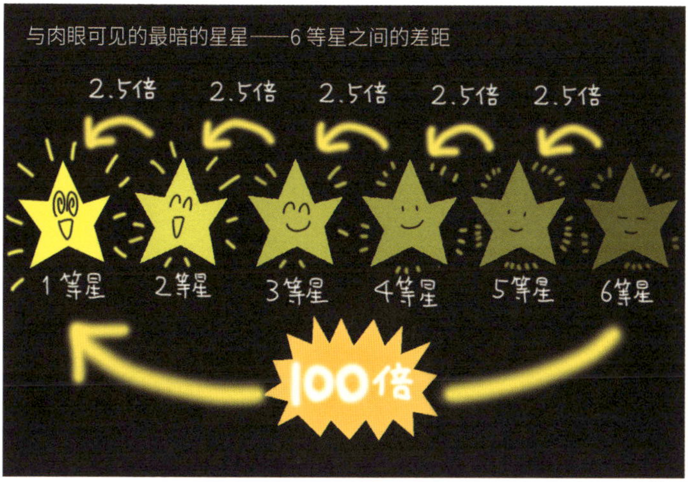

恒星可能是由于距离远才显得暗。为此，为衡量恒星本身亮度的“绝对星等”应运而生。绝对星等是指在距离天体32.6 光年（10 秒差距[1]。1 秒差距大约是 30.8 万亿千米）处所看到的星体亮度。

大犬座的天狼星是 –1.5 等星，但其绝对星等只有 1.4 等。而身为 2 等星的北极星的绝对星等为 –4.2 等。究其原本的亮度，北极星比天狼星更加明亮。

1 秒差距为天文学上的长度单位，1 秒差距约为 3.26 光年。

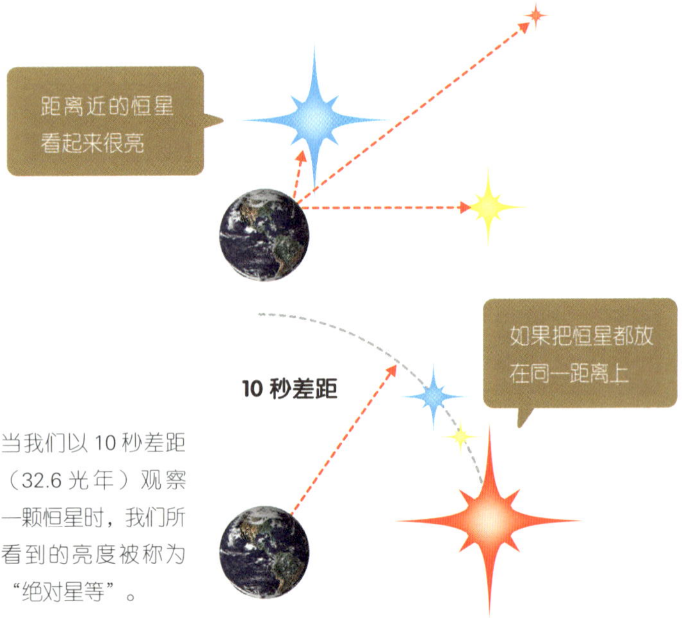

当我们以 10 秒差距（32.6 光年）观察一颗恒星时，我们所看到的亮度被称为“绝对星等”。

在地球上的我们看来十分耀眼的太阳，其绝对等级也不过只有 4.8 等。事实上，在宇宙的众多恒星中，太阳并不怎么耀眼。

而且，恒星还有不同的颜色。

天蝎座的心宿二（Antares）和猎户座的参宿四（Betelgeuse）外观呈红色，而天狼星和天琴座的织女一

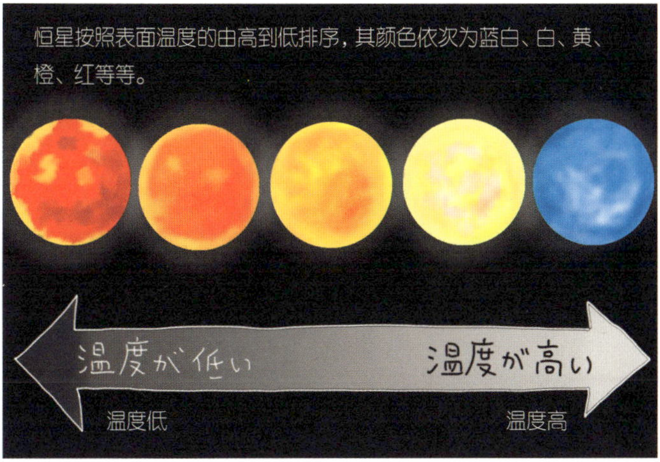

（Vega）等星星的外观则呈蓝白色。恒星的颜色是由其表面温度所决定的。红色恒星的表面温度大约是3000摄氏度，而蓝白色恒星的表面温度则超过10000摄氏度。

小时候，我十分好奇如何测量出书上所写的星星的温度，实际上，仅观察恒星的外观颜色就能大致了解其温度了。

大家仰望星空的时候，也要注意星星的亮度和颜色哟。

天狼星（10400 摄氏度）

北落师门（Fomalhaut，9300 摄氏度）

老人星（Canopus，7500 摄氏度）

五车二（Capella，4700 摄氏度）

毕宿五（Aldebaran，3900 摄氏度）

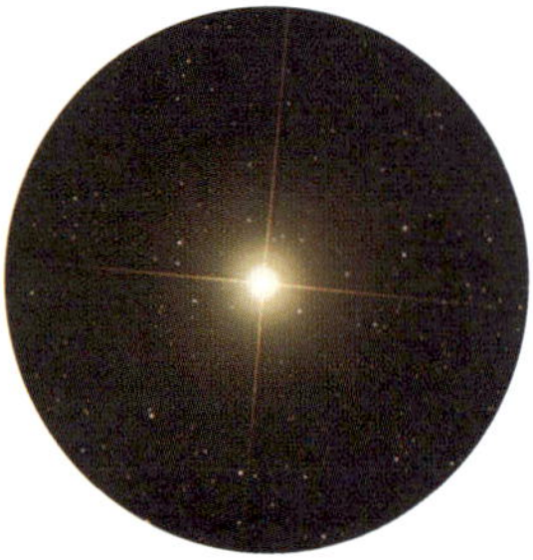
参宿四（3600 摄氏度）

专栏

巴耶编号是什么？

一些恒星是有名字（固有名）的，例如天琴座的织女星和猎户座的参宿四。除此之外，每个星座的所有恒星按照由亮到暗的顺序，还有一个带希腊字母的名字。例如，天琴座的织女星又名天琴座 α 星，猎户座参宿四也被叫作猎户座 α 星。这种恒星编号就是巴耶编号（Bayer number）。1603 年，德国法律学家约翰·巴耶（Johann Bayer）在其星图《测天图》（*Uranometria*）中按照同一星座内由亮到暗的顺序，用希腊字母为漫天的星辰起了各自的名字。现在我们仍用巴耶所起的名字来称呼它们。不过，有些星座的巴耶编号不是按照恒星亮度顺序排列的。例如，猎户座中最亮的恒星是参宿七（Rigel），而参宿四是星座内第二亮的恒星，按理说，参宿四应该是猎户座的 β 星，但如今的巴耶编号内，参宿四是猎户座的 α 星，而参宿七是 β 星。

α alpha	β beta	γ gamma	δ delta	ε epsilon	ζ zeta	η eta	θ theta	ι iota	κ kappa	λ lambda	μ mu
ν nu	ξ xi	ο omicron	π pi	ρ rho	σ sigma	τ tau	υ upsilon	φ phi	χ chi	ψ psi	ω omega

Q 为什么恒星的位置会随着时间的推移而变化?

恒星是运动的，且其运动具有一定的规律，能够准确表示每天的时刻。古人通过观测星象制定了历法，并将其应用于日常生活当中。

人们最先关注到的就是太阳。

太阳每天从东方升起，经南方落往西方。它每天会旋转 360 度，即每小时会旋转 15 度。这种运动叫作“周日运动”。

太阳以外，星座中的各恒星也在以同样的方式运动。当你面向南方时，所有的恒星都将由东方升起，经过南方后落往西方。

当你面向北方时，所有的恒星看起来似乎是在绕北极星做逆时针运动。准确来说，它们似乎是在绕着北天极旋转。北天极位于地轴北端的延长线上，与北极星角度差仅为 0.6 度左右（大约是满月的大小）。

你有没有看过恒星绕北极星做圆周运动的照片？仔细观察你会发现，北极星的运动轨迹似乎也是一个小小的圆。

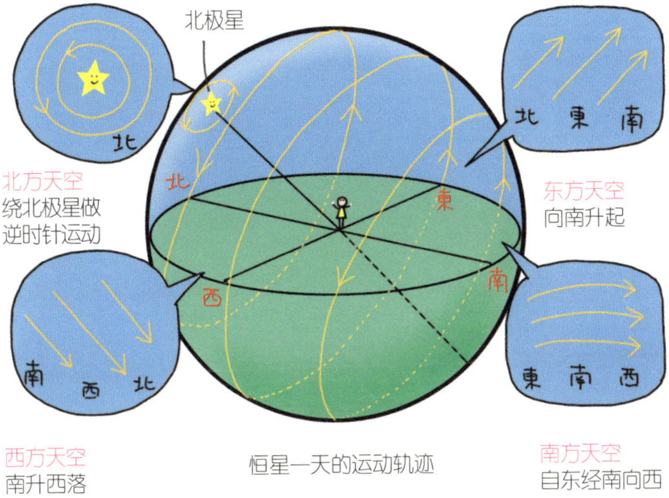

恒星一天的运动轨迹

漫天星辰似乎都在绕北天极做周期性的圆周运动，一天运行一周。之所以看起来是这样，是因为地球的自转周期是一天。古人认为是星星在动，实际上却是我们在动。

顺带一提，我所说的星体运动的观测地是日本，观测地所处纬度不同，周日运动的轨迹看起来也不同。

假设我们到了赤道。

在赤道，北极星位于正北方的地平线上。请想象一下各恒星围绕北极星做逆时针运动的画面，是不是就像在烤年轮蛋糕呢？

恒星直直从东方升起，经过子午线（从南方地平线直接经过头顶到达北方地平线），又直直从西方落下。此外，在赤道，你可以看到全部的星座（88 个）。

那么，假如我们去到南半球，情况又如何呢？假设我们身处位于南纬 35 度附近的澳大利亚，北极星在地平线以下，所以此时我们并不能看到它。然而，南天极（与北天极的方向正好相反）看起来位于高于正南地平线 35 度的方向。在南半球，各恒星看起来似乎在绕着南天极做顺时针运动。

接下来让我们继续前进，直到南极点。此时我们的头顶正上方的天顶就是南天极。所以，此处的星星看起来好像都在绕着我们头顶正上方做顺时针运动。北极则相反。当我们身处北极点时，北极星位于天顶上，星星绕天顶做逆时针运动。

Q 为什么我们所看到的星座会随着季节的变化而变化？

大家应该都知道我们看到的星星会随着季节更迭而变化吧。我们可以在夏天的傍晚看到“夏季大三角”，在冬天看到猎户星座，星空不总是一成不变的。之所以会这样，是因为地球在自转的同时还会绕着太阳公转。

地球一年绕太阳转一圈。因此，与太阳位置相反的星星会随着季节更迭而变化，星座也就会随之发生变化。如此一来，恒星每一年会旋转一周，即 360 度。这种运动就被称为恒星的周年运动。

那么，站在地球上看到的公转运动是什么样的呢？

假设有一颗恒星在第一天晚上 8 点升至上中天（正南方向），即该天体的最高点，那么第二天它会自该点向西旋转约 1 度，第三天则会再向西旋转 1 度。每天同一时刻看到的星星位置都在向西偏移。

30 天就会转 30 度，3 个月就是 90 度。因此，随着季节的更迭，我们所能看到的星座位置也会发生变化。从时间上来看，若一颗恒星在第一天晚上8点到达上中天位置，那么第二天到达相同位置的时间将会提早大约4分钟。因此，半个月后就会提前1小时，一个月后会提前2小时，三个月后会提前6小时到达该点，一年之后则会提前24小时，于最初到达的时间点——晚上8点——到达该位置。寒来暑往，斗转星移，四季星空就是这样运动的。

然而，北极星及其周围的恒星是全年可见的，不会落下。位于北极星附近且永不落下的星星称为拱极星。北半球的拱极星会绕天极逆时针转动，古人据此来测算时间。

太阳也会做周年运动，每一天由西向东到达同一位置的时间都比前一天提早约4分钟。

太阳的运动轨迹与其他恒星相反，注意不要搞错了哟。太阳每天会从西向东旋转1度，而相同时间内，其他恒星则会自东向西旋转1度。

在白天，我们是看不到太阳所在的星座的。倘若白昼时我们也能看见十二星座的话，那么太阳看起来就像是穿梭在这些星座之间一样。

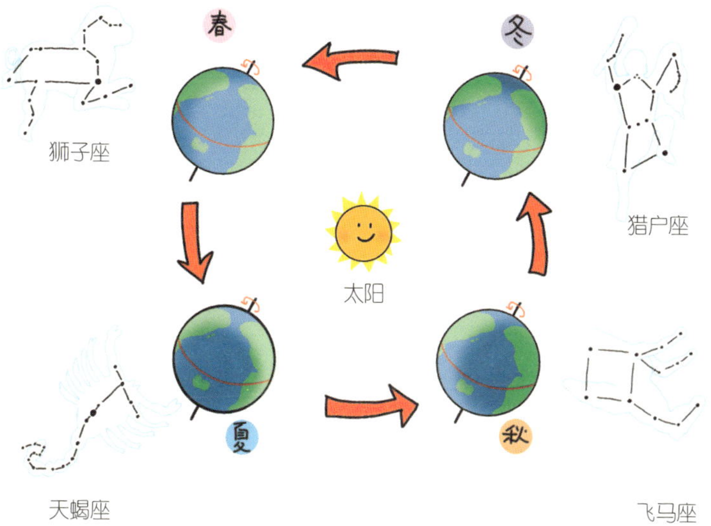

由于地球每年公转一次，所以恒星以每月 30 度的速度自东向西转动。这种运动被称为周年运动。

北极星（中）和弧形星群

Q 如何确定星座的位置？

正如我们在旅行中依赖地图寻找目的地一样，探寻夜空中的星星也有这样一张地图，上面标注了所有星星的详细坐标。这就是星图。

星星的坐标用赤经、赤纬来表示。比如，室女座的角宿一（Spica）就位于赤经约 13 时 25 分 12 秒，赤纬约 –11 度 9 分 42 秒。赤经类似于地球地图经度的角距离，以春分日太阳直射点（春分点）为基准（0 度）。春分在每年的 3 月 21 日左右，太阳在这一天内会经过春分点。

赤经从春分点向东计算，一周共 360 度。通常用时、分、秒而非角度来表示。15 度等于 1 时（360 度 ÷24 小时 =15 度）。

春分点的正对面，即位于春分点 180 度（12 点）位置的就是秋分点。

赤纬与地球地图上纬度相似，天北极为 +90 度，天南极为 –90 度。赤纬 0 度的地方被称为天赤道。

因为春分点是天赤道和黄道的交点，所以坐标为赤经 0 点、赤纬 0 度。

古人将春分视为一年的开始。由于黄道十二星座诞生之初，春分点位于白羊座境内，所以黄道十二星座之首就是白羊座。

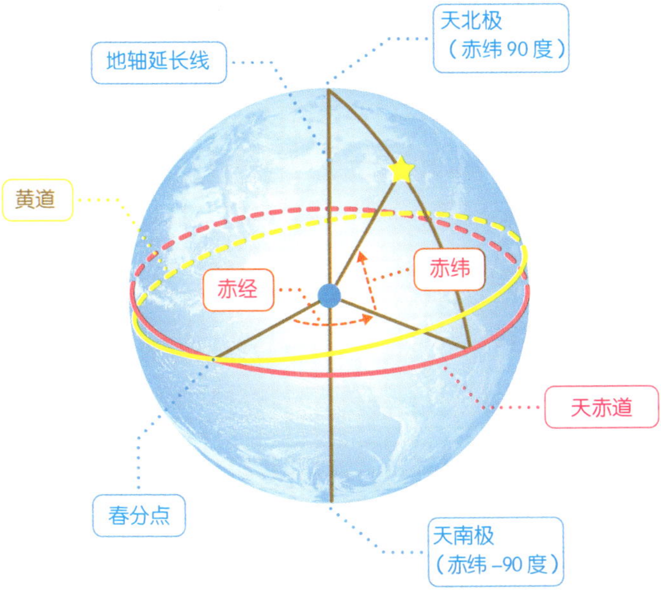

用赤经和赤纬来表示的天体位置，称为天体的赤道坐标。从春分点沿天赤道向东量度取得的角度叫作赤经。多用时间来表示。将天赤道分为 24 份，自春分点（0 时）向东依次是 1 时、2 时……此外，从天赤道沿着天体的时圈至天体的角度称为该天体的赤纬。从天赤道出发，越靠近天北极，赤纬的纬度值就越大。

或许你会想，用赤经、赤纬来表示星星的坐标有什么意义呢？的确，若是这颗星星比较明亮，我们就算不知道它的具体位置，大概也能在夜空中找到它。就好比你想去东京塔的话，即使你不知道它具体在哪，其远处依稀可见的身影也能使你了解大致的方向。但若你是想去胡同里的某家荞麦面馆的话，不查好地址可就去不了了。

放在星星上也是一样。当我们要寻找一颗较暗的星星时，这个坐标至关重要。用天文望远镜观测星云和星团时也会用到这个坐标。

而且，过去春分点位于白羊座的位置，现在已经移动到了双鱼座境内，且大约 600 年后会进入水瓶座的区域。为什么会发生这样的变化呢？

地球绕着地轴每天自转一次，而此地轴自身也在做缓慢圆锥运动，就像一个长时间倾斜旋转的陀螺。这也被称为岁差运动。地轴运动一周需要 25800 年。周期极长，所以几乎不会影响到我们当下所生活的时代，但几千年后，天北极和天南极的位置将在其影响下发生变化。

由于北极星指的是位于天北极方向的星星，所以北极

地球的地轴（自转轴）并不垂直于黄道面（地球公转的轨道平面），二者间的斜角约 23.4 度。地轴绕黄轴（通过黄道面圆心并垂直于该面的直线）做圆锥形运动，周期约为 26000 年。这种地球运动被称为岁差运动。

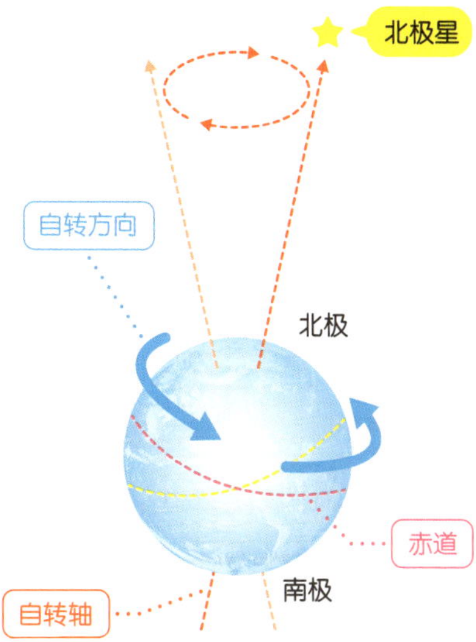

星的位置到时也会随时代更迭而变化。

受岁差运动的影响，春分点的位置也会随时间的推移而改变。大家现在购买的星图上大多都标有“回归年 2000 年”的标志，而在一张旧星图上，这个时间则可能会是“回归年 1950 年”。这是因为在这过去的 50 年里，恒星的位置发生了偏移。所以，当你在用星图寻找新发现的彗星或其他恒星时，请注意星图上所标注的时间。

Q 如何简要概括星座观测的诀窍？

观测星座有五个窍门。

①新月前后

首先应该关注月龄。月龄是计算月相的基准。我们总想着去哪儿，而常常忘记考虑月龄。不管所去之地的星空有多么美丽，在月圆之夜的皎皎月光下也难以清晰地看到银河。所以观星首选新月前后。您可以在互联网上轻松查询到月龄信息。

②观星的地点

星星每天都在运动。不同位置所看到的星空也不同，所以确定好观星的地点，就能保证始终都是以同一角度仰望同一片星空。

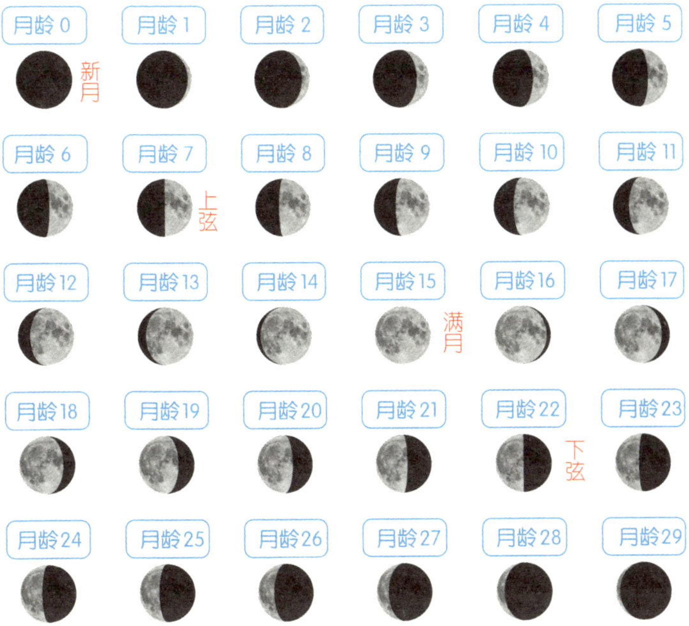

月相从新月开始，历经上弦月、满月、下弦月，然后又回到新月。每 29.5 天一循环。以 29.5 日的周期来计算从新月起到各月相所经历的时间，称为“月龄”。由于月球运动的复杂性，月龄和月相并不是严格完全对应的。

比如，可以试着将观星的地点设定在“自家的阳台”等具体地点。哪怕只有 15 分钟也好，请试着把夜晚发呆、看电视抑或是玩手机的时间用来仰望夜空吧！

在旅行目的地或是旅途中某个拥有美丽星空的地方欣赏星座时，请先确认一下方向。我建议您尽量朝南看。因为各星座在正南方的位置最高，最容易看到，且南方还能经常清楚地看到一些季节性星座。

不过，首先还是要选定自己喜欢的观星地点。

③每天同一时间

星座每时每刻都在运动。所以在错误的时间，即使是想看昨天已经找到的星星，也有可能看不到。既然好不容易记住了星座的位置，就请尽可能在同一时间去欣赏它，这样星星的运动也会变得更容易理解。

④适应黑暗

人眼需要约十分钟才能适应黑暗。抬头仰望夜空时，很难立刻就发现星星。然而，当眼睛习惯黑暗的环境之后，就能看到较暗的星星了。即便是在灯火通明的城市里，找到天空中的星座也远比想象中容易。

如果您想在自家阳台上观星的话，可以试试熄灭房间的灯，或者使用遮光窗帘。

⑤从容易找到的星星和形状开始

天文馆的解说员记住各星座的方法是从形状简单的星座开始，按顺序依次记忆。任何人都不可能一下子就记住所有的星座，且每个季节都有标志性的星星存在，所以推荐大家按照顺序一个一个地去找各个星座。

我常常说，学习星座知识就像交朋友。就算内心想与谁成为朋友，也不可能一下子就成为他的密友。朋友之间要多见面，慢慢了解，星座也是一样。多抬头看几次星空，慢慢就能分辨出哪颗星星属于哪个星座了。

试着用上述的五个小窍门来找找星座吧！

专栏

column

观测星体时最常用的工具

①双筒望远镜

首先要准备的就是双筒望远镜。即使没有专业的天文望远镜，你能轻松观测到的星体数量也远远超乎你的想象。除了星云和星团，它还可以帮助我们找到夏季银河。双筒望远镜的放大倍率最好在 7 ~ 10 倍左右，建议口径在 4 厘米以上。

②手电筒

我们无法在黑暗中看清周围的环境，所以还需要准备一支手电筒。虽然最近手机也新增了手电功能，但建议最好还是准备专门的手电筒，并用红色玻璃纸或者手帕包裹灯头。若眼睛好不容易适应了黑暗，此时再点上明亮的白灯，会妨碍人眼对处于暗处的星星的观察。因此，在灯头包上红色玻璃纸，可以使眼睛保持暗适应的状态。

③星座盘与指南针

星座盘是一个可以查看你所期望时刻里的星空模样的

工具。只要好用，什么类型的都无所谓。对照盘上的日期和时间就能找到你所期待的星空。然而，星座盘上并不标注行星，想要观测行星的话，最好事先查好其所在位置。最近还有一些手机软件可以免费查找星座位置。

星座盘的使用方法：

1 根据观测时的具体时间，转动表月日和表时刻的双盘，将对应刻度重合。

2 根据观测地的经度适当调整转盘，减少误差。

3 此时圆形视窗上显示的就是在该时间、地点下可见的星空。

4 用指南针确认方位后，再将星座盘高举过头，使盘面朝下，与现实星空对照观测。

春季星空看点

料峭寒冬过后，就算夜出观星，身子也不会冻僵了。现在，就让我们一起来看一看春天的星座吧！

春天的傍晚，从寻找北斗七星开始！其标志是闪耀在北方天空中的 7 颗连接起来形似长柄勺子[1]的星星。

用曲线将北斗七星、牧夫座的大角星（Arcturus）和室女座的角宿一连接并延长，就会得到一段起于斗柄、止于室女座的大弧线。这就是著名的“春季大曲线”。抬头望着这条夜空中所描绘出的曲线，不觉心旷神怡。

在此基础上，再将牧夫座的大角星和室女座的角宿一分别与狮子座的五帝座一（Denebola）连接起来，就会得到一个三角形，这就是“春季大三角”。其中，大角星和角宿

1　北斗七星因曲折如斗（带柄的口大底小的方形容器）而得名，现在常以勺子形容其形状。

一是 1 等星，而五帝座一是 2 等星。构成“冬季大三角”[1]的星星，从东方升起，向西方运动，宣告着春天的来临。

既然我们已经找到了五帝座一，不妨再继续找找狮子座吧！黄道十二星座是横向相连的，因此，狮子座的东边就是室女座，而西边就是巨蟹座。

这就是找寻黄道十二星座的关键：从明亮的星座开始，横向观察。然而，由于巨蟹座境内有不少相对较暗的星星，在亮处无法观测。所以，若是去到拥有一整片美丽星空的地方，一定要试着去欣赏一下它们呀！

此外，春季星空中还有一个横贯东西的星座——长蛇座。其赤经跨度约为 100 度，又大又长，看上去就像背着乌鸦座

1　大犬座的天狼星、小犬座的南河三及猎户座的参宿四所形成的三角形。

室女座星系团

和巨爵座一样。春季星座的特点是大型星座很多，若将所有的星座按照规模大小来排序的话，前三名都属于春季星座。

春季夜空常常被称为眺望遥远宇宙的窗户。这是因为在春天，我们可以看到许多离我们十分遥远的星系。

而夏、冬两季的夜空中总有银河穿过。银河是我们银河系中超千亿颗恒星的集合体，正因为有银河这个由无数颗星星构成的星带，所以夏、冬之时，我们目之所及的星空最远处就是银河的尽头。然而，银河并不会出现在春、秋两季的夜里，所以彼时我们可以看到更远的星系。

春季尤甚。此时我们可以在夜空中看到狮子座星系群、室女座星系团等许多星系的身影。

4月中旬22时许　东京的天空

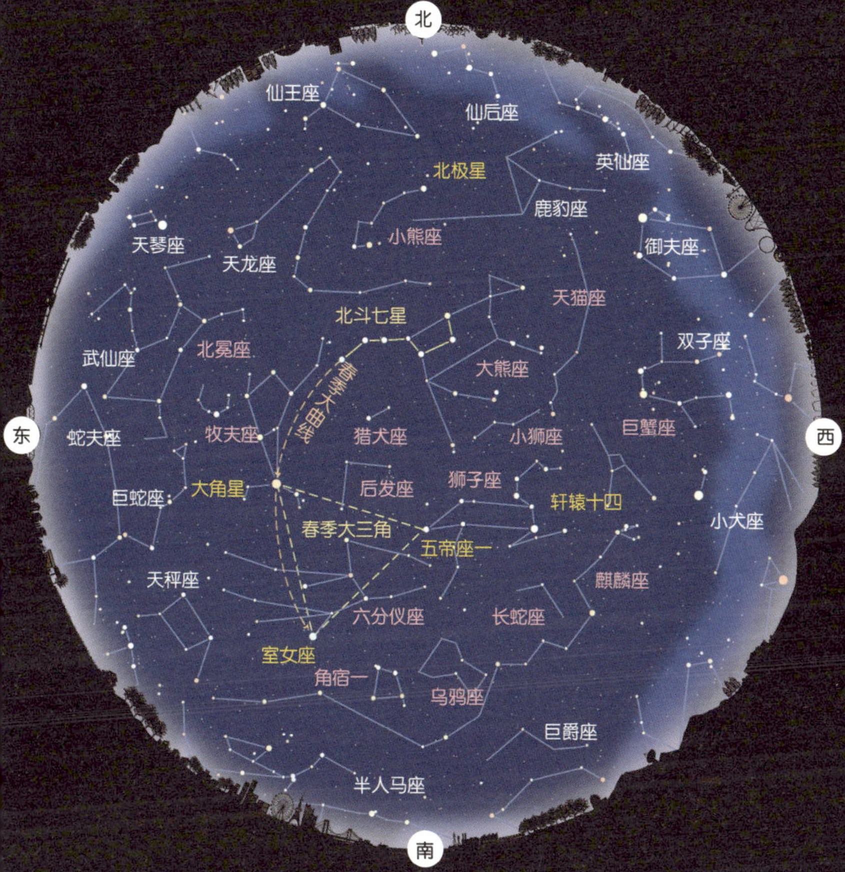

大熊座

3 月上旬的 23 时许和 4 月上旬的 21 时许，大熊座高悬在北方天空，仿佛一头沉睡了一整个冬天的熊终于在春天苏醒，然后升至高空一般。北斗七星是大熊座的标志。大家应该都看到过吧？

它们的排列就像是一把在北方天空中闪耀着的长柄勺子，这也是它们的特征。“北斗七星”一名起源于中国，所谓“斗”即长柄的勺子。在古代，这种长柄勺子常见于神社、寺院等地，用以汲水。然而，对现代人来说，或许说其外观像平底锅会更容易理解一点吧？

北斗七星从大熊座的熊背处一直延伸到尾巴上。当你看见构成熊头的三颗排列成三角形的星星和熊前、后掌尖处像指甲一样的星星时，请试着将其想象成一头体型庞大的熊吧！

大熊座长长的尾巴，是我们寻找春季可见星座的起点。因此，让我们先从寻找北斗七星开始吧！

所有星星都会沿着固定轨迹在宇宙中运动，因此，几千年之后，北斗七星的形状也会发生变化。

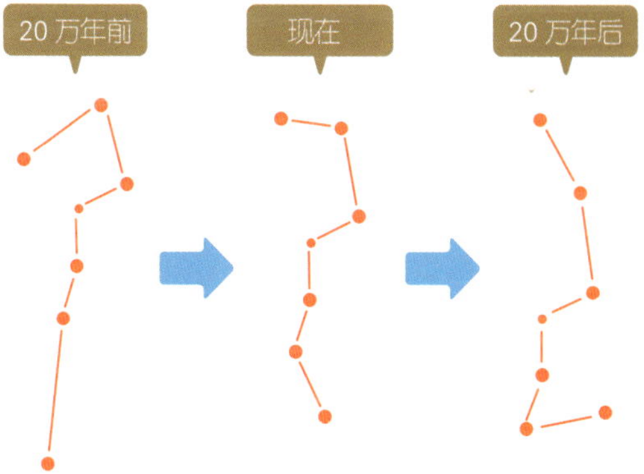

开阳及开阳增一

若将北斗七星比作勺子，那么从勺子的柄尖开始的第二颗星星就是开阳，它是一颗 2 等星。

开阳星的附近还有一颗叫作开阳增一（Alcor）的4等星。“Alcor”在阿拉伯语中是“微弱之物”的意思。也有人把开阳和开阳增一比作奔马和它的骑手。

视力好的人用肉眼就能直接观测到开阳增一，所以传说古时候，开阳增一曾被用来检测视力。各位不妨也试着在美丽星空下用肉眼找找开阳增一吧！

实际上，开阳星可以被进一步细分为两颗星星，即开阳 A 和开阳 B。

自 17 世纪望远镜发明以来，人们又陆续发现了许多这样的星星。

这种看上去是一颗星星，但实际上由两颗星星组成的天体叫作“双星”。开阳星也是人们最早发现的双星系统。

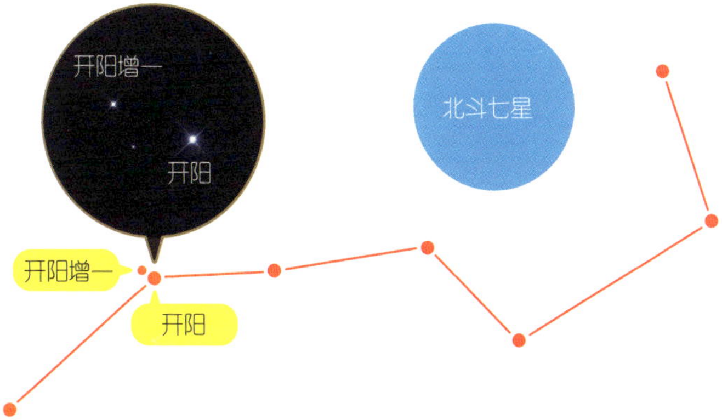

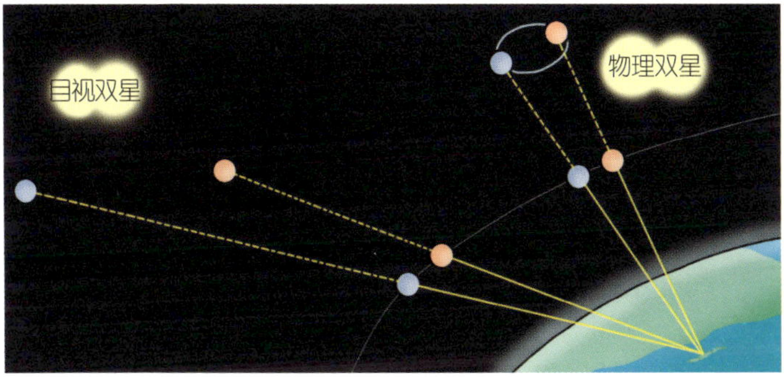

“目视双星”是指肉眼看只有一颗，而用望远镜观测时却有两颗恒星，且二者视觉位置较近。目视双星虽然看上去是一对，但是实际上二者间的距离很远。而实际距离非常相近，同时互相伴有引力作用的恒星被称作“物理双星”。

在中国古代，由于星星都绕着北极星旋转，所以北极星也被视为“天帝”，而北斗七星则被视为“帝车”（天帝所乘的交通工具）。

小熊座

小熊座在5月中旬的23时许和6月中旬的21时许高悬在北方的天空之中，其标志就是一把闪耀在北方天空中的小勺子。北斗七星被称为“大北斗”，而小熊座则被称为“小北斗”（也被称为“大勺子”和“小勺子”）。北极星就在这把小勺子的勺柄末端，一年四季乐此不疲地为我们指引着北方。

北极星之所以能够为我们指示北方，是因为它位于地球地轴（地球的自转轴）的北部延长线附近。由于地球不断自转，所以在我们看来，星星一直围绕着北极星逆时针旋转。然而，确切地说，北极星离天北极方向也有1度左右的偏差，所以，实际上北极星也在移动，只不过看起来移动的范围比较小罢了。

北极星

有这样一个故事。传说在江户时代，有一北前船[1]船长名为桑名屋德藏。行船时，他常以北极星为指引。一晚，德藏的妻子在船的纸门上开了一个小孔，观察了一整夜的北极星。她发现一夜的时间北极星只移动了纸门一个格子的距离。也正因如此，从那以后，德藏行船的方向变得愈加准确了。

每年 12 月 17 日到 25 日，小熊座 β 星附近有流星雨辐射点。流星从天球上的一点呈放射状飞出，在这一周多的时间里，可以观测到小熊座流星雨。

小熊座流星雨

1　中世纪末期至江户初期从日本东北北陆地区开往敦贺港、小浜港，后期改为驶往濑户内海沿岸各港口的客货船只。

故事

Story

变成熊的母子

从前，希腊有一位女子名为卡利斯托，是月亮女神阿耳忒弥斯身边最美丽的宁芙侍女。

卡利斯托和众神之神宙斯结合，生下了一个儿子，名为阿尔卡斯。得知此事后的阿耳忒弥斯非常生气。她是掌管少女贞洁的女神，无论如何也不能允许自己的宁芙侍女生下孩子。因此，她在愤怒中降下了让卡利斯托变成熊的诅咒。

被变成熊后，卡利斯托藏身于森林，整日以泪洗面。光阴荏苒，对上一辈的恩怨纠葛毫不知情的阿尔卡斯也顺利地成长为一个优秀的年轻人。

一天，阿尔卡斯正在林中寻觅猎物，一只大熊缓缓向他走来。这只熊就是阿尔卡斯的母亲——卡利斯托。卡利斯托看到已经长大成人的儿子，情不自禁地想要跑到他身边。阿尔卡斯见状大惊，当即搭弓射箭就要杀了这头大熊。

父亲宙斯看到了这一幕，略施神法，将阿尔卡斯变成了一只小熊，并将大熊和小熊一起提升到了天界，在众星之中给了它们两个荣耀的位置。

至此，母子二人成为天上的星座，一直幸福快乐地生活在一起，永不分离。

弗朗索瓦·布歇《宙斯与卡利斯托》

巨蟹座

巨蟹座会在 3 月上旬的 22 时许和 4 月上旬的 20 时许升至南方天空，它是黄道十二星座中最不起眼的星座。

巨蟹座中全都是 4 等星和 5 等星，没有明显的亮星。想要找到它的身影，可以以双子座的 2 等星北河二（Castor）、1 等星北河三（Pollux）和狮子座的 1 等星轩辕十四（Regulus）为线索，从两个星座的中间着手。在夜晚街灯亮如白昼的城市里很难发现巨蟹座的身影，若想找到它，还是请另寻一片星空闪烁之处吧！

四颗不是很显眼的星星组成的四边形构成了螃蟹的甲壳，它的中间便是 M44 鬼星团（Praesepe），肉眼依稀可见。经双筒望远镜或天文望远镜观测发现，这是一个疏散星团。

第一个观测到它的人是伽利略。据悉，鬼星团是由数百颗年轻恒星聚集组成的。

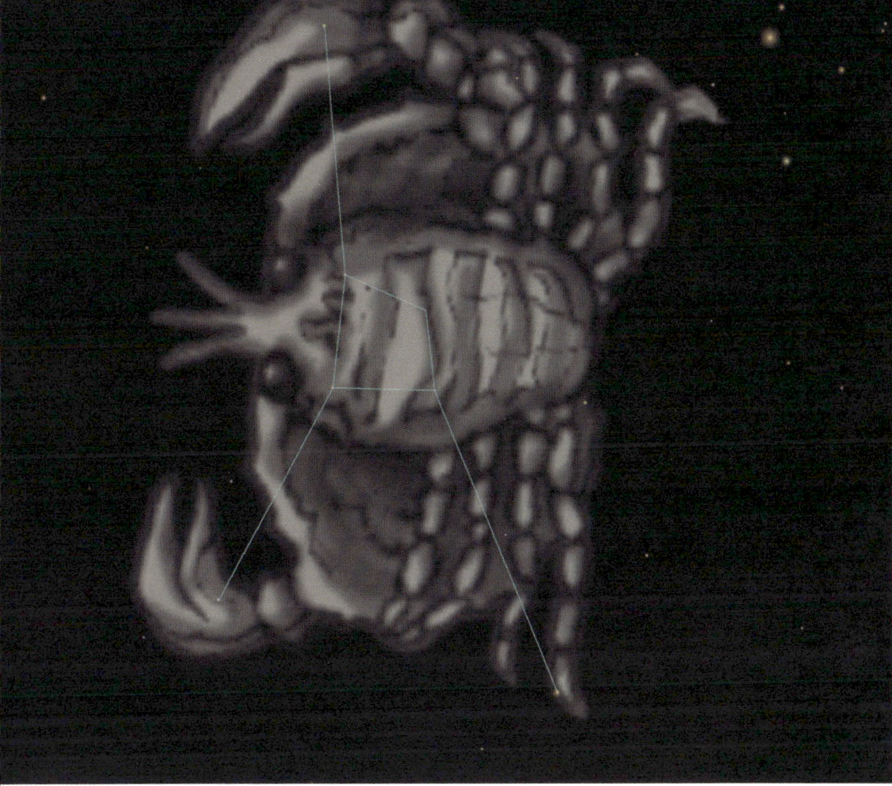

“Praesepe”是“放干草的桶”的意思。可以试着把星团周围的星星看作驴子，想象驴子挤在木桶边吃饲料的样子。

← M44 鬼星团

长蛇座

早在古巴比伦时期出土的文物上就绘有蛇的纹样，可见，长蛇座是一个历史悠久的星座。它也是全天 88 个星座中面积最大、长度最长的星座。构成蛇头的星星位于东方，其南、西方向依次为蛇身、蛇尾。从蛇头星星现身一直到长蛇座全貌显现，大约需要 8 个小时。

想要观察长蛇座的全貌，最好的时间是 4 月中旬的 8 时许和 5 月中旬的 21 时许，而且还要尽量寻找视野开阔的地方进行观测哟！

要想找到它，首先要找到狮子座的轩辕十四，再将视线下移找到一颗名为科尔·海德勒（Cor hydrae）的 2 等星。

“Cor hydrae”的意思是“海德拉的心脏”，海德拉是一头恐怖的九头怪兽。16 世纪的天文学家第谷·布拉赫（Tycho Brahe）为它起了这个名字。一颗名为恐怖蛇怪心脏的星星，第谷真是给它取了个骇人的名字啊！

↑星宿一

这颗星星的学名为星宿一（Alphard）。在阿拉伯语中，“Alphard”的意思是“孤独的星星”。或许，海德拉在春天的夜空中也会感到孤独吧。

88个星座中面积最大的是长蛇座，其次是大熊座，室女座位列第三。它们都是春天的星座。

故事

S/t/o/r/y

赫拉克勒斯消灭九头蛇海德拉

勇者赫拉克勒斯一生共进行了 12 次冒险，其中一次便是讨伐住在瑞尔沼泽阿米莫尼之泉的海德拉。

赫拉克勒斯向着骇人的九头蛇怪海德拉放出箭矢，可那箭矢竟被弹了回来。于是赫拉克勒斯放下弓箭，改用宝剑。手起刀落，海德拉的头颅应声落地。但每当他斩下一个头颅，又会有新的头长出来。

数不清的蛇头向赫拉克勒斯袭来。于是，赫拉克勒斯每斩下九头蛇一颗头颅，都会用火把燃烧其伤口，让它无法长出新头来。

很快，海德拉的脖子上只剩下了那最后一颗头。然而，这颗头不死不灭，就算赫拉克勒斯用巨大的岩石砸它也无济于事。

一旁的一只螃蟹妖目睹了这场争斗。它与海德拉同住在一片沼泽中，见自己的同伴即将被赫拉克勒斯扑杀，急忙赶过来救它。

然而，在与海德拉的战斗中精疲力竭的赫拉克勒斯无暇顾及这只螃蟹妖，竟不小心将它踩死了。天神宙斯的妻子赫拉目睹了这一切，便把海德拉和螃蟹都提升至天界，使之成为天上的星座。

安东尼奥·德尔·波拉伊沃罗《赫拉克勒斯与九头蛇》

狮子座

狮子座是十二生日星座之一，会在3月中旬的23时许和4月中旬的21时许高悬于南方天空。早在4000年前的夏至日时，太阳就曾经到过狮子座境内，它也是一个有着悠久历史的星座。

狮子座最明显的特征就是外观像一个倒着的“？”。很有特点吧！记住了吗？星星如此排列，看着又像是一把大镰刀，所以也被称作“狮子镰刀”。

轩辕十四是狮子座的心脏，是前面所提到的21颗1等星中最暗的一颗，仅为1.4等。它的拉丁语名是“Regulus”，意为“小王子”，是不是和我们的百兽之王“狮子”很般配呢？

狮子座大狮子的尾巴是一颗2等星——五帝座一。你看，那些排列的星星，从头到背，再到尾巴，像不像一头趴着的狮子？

狮子座的方向有许多在春天出现的星系。由M66、

狮子座呈“？”形排列的星星因外观似悬挂雨槽的金属部件，所以日本人也称之为“樋挂星”。

M65 和 NGC3628 这三个旋涡星系构成的星系群被称为“狮子座三胞胎”。

←轩辕十四

狮子座流星雨

每年的 11 月 18 日左右会迎来狮子座流星雨的极大期。观测条件好的话，可以看到非常多的流星。有人曾于 2001 年在 1 小时内就观测到了 2000 个流星，说不定大家也都见过呢。

当时，我也从山上观看了这场流星雨。不过，因为流星的数量太多，看到一半就数不清啦。直到黎明，蒙蒙亮的天空中还划过了好几颗流星，给我留下了深刻的印象。

据记载，狮子座流星雨在 1698 年、1799 年、1833 年、1866 年、1966 年、1999 年和 2001 年都曾大规模出现过。现在留存的资料和图像显示，在 1799 年和 1833 年，曾一小时内有数万到数十万颗不等的流星在天空中飞舞，几乎要布满整个天空。在那个还不知道流星雨成因的时代，人们面对着倾盆大雨一般坠落人间的流星雨，十分恐惧，纷纷叫喊着“世界着火了！”“这是世界末日！”等等。有记录显示，由于当时流星雨的流量实在太大，

↑狮子座流星雨　→狮子座三胞胎

照亮了夜空，甚至连睡觉的人都被亮醒了。

坦普尔－塔特尔彗星（Tempel–Tuttle comet）约以33年为周期围绕太阳进行公转，其在公转轨道上留下的尘埃与地球大气发生碰撞后产生光芒，便形成了狮子座流星雨。

近年来，人们可以通过计算尘埃聚集形成的彗星轨道，来精准预测流星雨出现的时间和流量。

遗憾的是，据说最近看到狮子座流星雨的可能性很低。狮子座流星雨的下一个大爆发期大概要等到2034年了。让我们一起耐心等待吧！

故事

Story

涅墨亚森林里的食人狮

很久很久以前，涅墨亚的森林里住着一头可怕的食人狮。它践踏民宅，无恶不作，附近的人们整日都提心吊胆。

一天，一位勇士站了出来，决定杀掉这头食人狮。他就是赫拉克勒斯。赫拉克勒斯刚进入涅墨亚森林，那头恐怖的食人狮便现身了。赫拉克勒斯向着那狮子搭弓射箭，不料那狮子皮糙肉厚，箭矢竟被弹了回来。

接着，赫拉克勒斯抄起一根大木棍，就要朝着狮子的头狠狠地砸去，结果棍子断成了两半。

赫拉克勒斯无计可施，只得赤手空拳扑了上去。他紧紧扼住了狮子的脖子。狮子不断挣扎，赫拉克勒斯却没有松手。双方僵持三天三夜后，赫拉克勒斯才终于勒死了这头巨狮。

就这样，赫拉克勒斯成功杀死了这头食人狮，而住在涅墨亚的人们也得以继续安稳地在此生活下去。

然而，女神赫拉因赫拉克勒斯是宙斯与凡人之子而心生怨恨，想要置他于死地。于是她为表彰那头食人狮，将它的尸体变成了星座。

彼得 · 保罗 · 鲁本斯《涅墨亚狮子与赫拉克勒斯》

小狮座

小狮座会在 3 月中旬的 23 时许和 4 月中旬的 21 时许出现在我们头顶正上方的区域。这是 17 世纪波兰天文学家约翰内斯·赫维留（Johannes Hevelis）所划定的新星座。大航海时代来临后，人们又在南半球那片从未在北半球出现的星空中发现并命名了许多新的星座。值此之际，北半球的天空中也涌现了许多新的星座。一时间，世界掀起了一场给新星座命名的风潮。侍奉国王的天文学家们为了讨国王的欢心，纷纷报告新星座，甚至隐隐有要对所有世代相传的星座重新划分、命名的趋势。后人对当时被划分和命名的众多星座都进行了修正重组，去除掉了其中全部的“私人星座”。

现在的 88 个星座，是根据天空上的边界线来划分的。或许你会认为，星座是由一颗一颗的星星组成的，但事实上星座是按“区域”来划分的，区域范围内的所有星星都属于该星座。因此，若某片星空内并没有星座，人们就会

在此划定一个星座。

位于狮子座和大熊座之间的小狮座就是如此。由于小狮座是近代划分出来的星座，所以并没有与之相关的神话传说。

小狮座的 β 星是一颗4.2等星。星座内并未选定 α 星，因为小狮座紧邻狮子座，就在其正北方，所以人们往往想当然地认为这两头狮子是母子。不过很可惜，二者之间似乎没有什么关系。

小狮座这个名字，只能说明它是一只“体型较小的狮子”，而不能说明它是一只“狮子宝宝”。实际上它已经是一只成年狮子了，因此也有鬃毛。

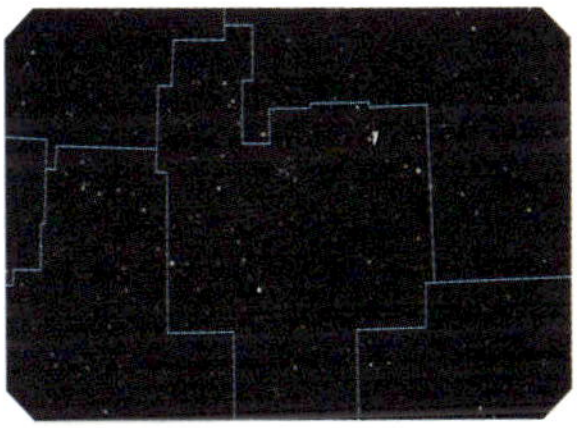

←星座边界线

天猫座

天猫座位于巨蟹座上方，就夹在大熊座和御夫座之间。它也是由划定了小狮座的约翰内斯·赫维留划定的新星座之一。天猫座境内并没有什么明亮的星星，只是为填补各固有星座之间的空隙而划出的星座之一，所以同样也没有什么有关它的神话或故事。

在每年2月中旬的22时许和3月中旬的20时许我们可以看到天猫座高悬于北方天空，不过由于其范围内几乎都是视星等低于4等的暗星，所以我们很难观测到它。星座设定者赫维留自己也说：“只有目力尖锐如山猫一样的人，才能看到天猫座。”那么让我们把话题转到赫维留身上。赫维留是一位活跃于17世纪的天文学家。当时，他所使用的望远镜的镜片口径非常小，只有15厘米，但是其中相当于望远镜镜筒的部分很长，足足有45米。这种望远镜和我们印象中现在的望远镜不同，它并没有镜筒，而是用钢丝将物镜和目镜连接，使之在一条直线上，被称为“空气望远镜”。过于庞大的镜身使其一旦遭遇刮风或者被晃动的情况就没法进行观测，真是让人吃尽了苦头！

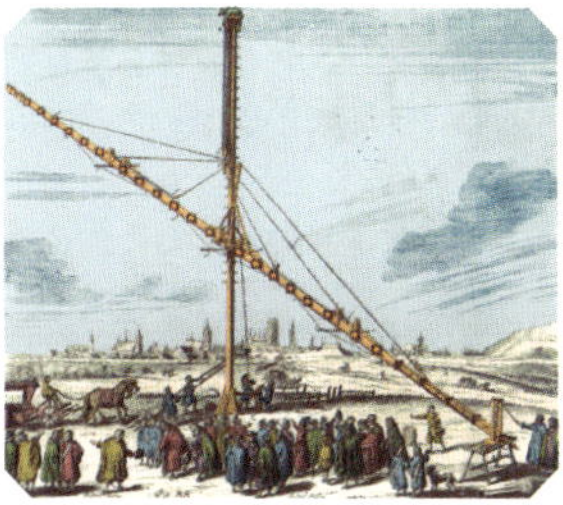

↑空气望远镜

制作星图时要依照天北极在上的惯例，因此星图中的山猫是头朝上的。然而，实际上当其升至北方天空时，我们所观测到的山猫则位于北极星之上，并且是尾部朝上的。

←位于天猫座的 NGC2683

六分仪座、巨爵座

六分仪座介于狮子座的轩辕十四和长蛇座的星宿一之间，常见于3月中旬23时许和4月中旬21时许的南方天空。

所谓“六分仪”，是一种用来测量天体高度的工具。六分仪座同样是天文学家约翰内斯·赫维留所划定的星座。当时他使用了20多年的六分仪在火灾中烧毁，为此赫维留深感遗憾，于是决定把它作为星座保留下来，以示纪念。

巨爵座则是位于六分仪座的东边，紧邻长蛇座翅膀的星座，常见于3月下旬23时许和4月下旬21时许的南方天空。

巨爵座形似一座豪华的奖杯。实际上，巨爵座由来已久，3000多年前就已经被划分出来了。不过，这座豪华奖杯的归属一直没有定论。一般认为此巨爵为酒神狄俄尼索斯所有。

还有人说它是魔女美狄亚制作秘药时所使用的杯子。它是不是很像会出现在《哈利·波特》电影里的杯子呢?

↑位于巨爵座的 NGC3981

除六分仪座外，过去还有四分仪座。不过现在已被废弃，并入天龙座了。而南半球还有一个八分仪座。

乌鸦座

如果继续循着春季大曲线找下去，你会发现一个歪歪斜斜呈四方形排列的星群，这就是乌鸦座。因为其外观也类似于船帆，因此在日本人们也叫它“帆挂星”。

我们可以在4月上旬23时许、5月上旬21时许的南方天空中找到它。

这只神话中的乌鸦有着银色的翅膀，还会说人言，十分聪明，是太阳神阿波罗的侍从。

一天，外出的阿波罗命令乌鸦将他不在家时爱人科洛尼斯的情况汇报给他。然而，乌鸦偶然看到科洛尼斯和男性说话，为了好玩，将科洛尼斯说成了红杏出墙。阿波罗听了自然勃然大怒，向着科洛尼斯射了一箭。谁知那香消玉殒的科洛尼斯竟已怀有阿波罗的孩子，意识到自己犯了错的阿波罗悲叹不已。

为了惩罚说谎的乌鸦，阿波罗剥夺了它说话的能力，

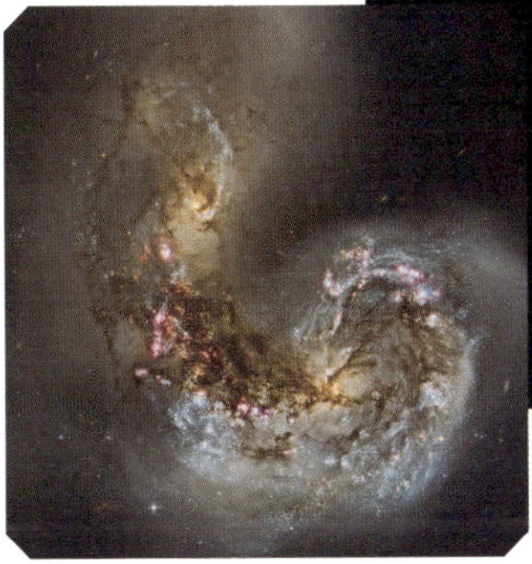

↑位于乌鸦座的 NGC4038 和 NGC 4039，也被称为触须星系

乌鸦座的正下方就是南十字座。因此，当乌鸦座迎来最佳观测期时，我们也会很容易观测到南十字座。

并将它银色的翅膀变成黑漆漆的颜色，然后将它钉到了天上。当然黑色乌鸦的样子在黑暗的天空中是看不到的，如今我们看到的星星是把乌鸦钉在天空上的银钉头。乌鸦座的存在是为了劝诫我们不要说谎。

牧夫座、猎犬座

如果把北斗七星的勺柄延长，就能找到一颗1等星——大角星。从大角星延伸出去的领带形状的星群就是牧夫座。牧夫座常见于5月上旬23时许、6月上旬21时许的南方高空中。

大角星的英文名为“Arcturus”，意思是“熊的护卫者”。牧夫座的工作似乎是看护其所饲养的牛，以免它被附近的大熊盯上。但他似乎没有看向那只大熊。那么，这位牛倌到底是何许人也？

有人说他是小熊座的阿尔卡斯，随大熊座一起升上了天空；也有人说他是名为阿特拉斯的头可擎天的巨人族人，众说纷纭。

巨人阿特拉斯反抗神王宙斯失败了，被宙斯降罪，命其永生用身体支撑苍天。然而，擎天是件苦差事，阿特拉斯苦不堪言，只好拜托勇者珀尔修斯，借用他所打倒的戈尔贡三

姐妹中美杜莎的力量，把自己变成石头。相传，阿特拉斯变成石头以后就成了位于非洲大陆西北部的阿特拉斯山脉。

↑ Izar

牧夫座一带附近有一个名叫梗河一（拉丁语名“Pulcherrima”，意为“最美丽的物品”，因此备受人们喜爱）的双星系统。它的学名为“Izar”（面纱）。

春季大曲线

如果将北斗七星的勺柄部分沿着曲线延长，就能找到牧夫座的大角星，进一步延长的话就能找到室女座的角宿一。连接三者所得到的这段曲线便是“春季大曲线”。

在小麦收获的季节可以看到高悬着的大角星闪耀着橙色光芒，因此大角星在日本也被称作“麦星”。从大角星出发的延长线的尽头就是角宿一，是室女座范围内的一颗1等星。角宿一洁白又美丽，因此又有着“珍珠星”的别名。

大角星和角宿一在日本被称作“夫妻星”，这是因为橙色的大角星像晒得皮肤黝黑的男性，而角宿一像一位皮肤白皙的女性，两颗星星和谐地共同闪耀在春天的夜空里。

所有星星都存在着一种被称作“自行运动”（也叫固有运动）的现象，其中大角星更是以其自行运动著称。它的运动速度很快，大约在5万年之后便会运动到角宿一附近。

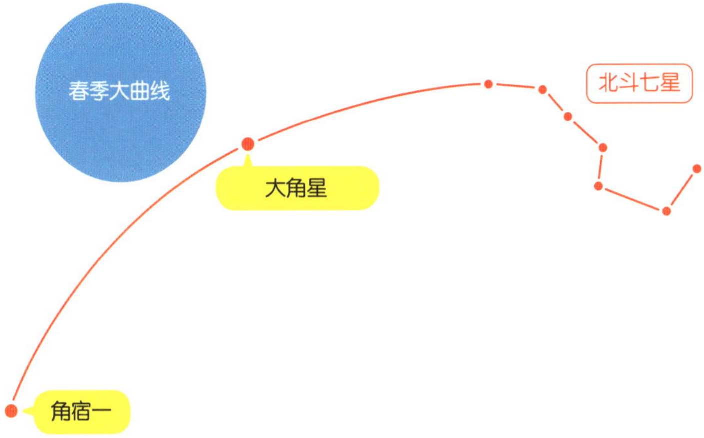

发现自行运动这一现象的是因哈雷彗星而扬名的埃德蒙·哈雷（Edmond Halley）。他对当时大角星所处的位置和古希腊时期所观测到的大角星位置进行了对比，发现大角星发生了位移，并据此发现了星星的自行运动现象。

↑大角星

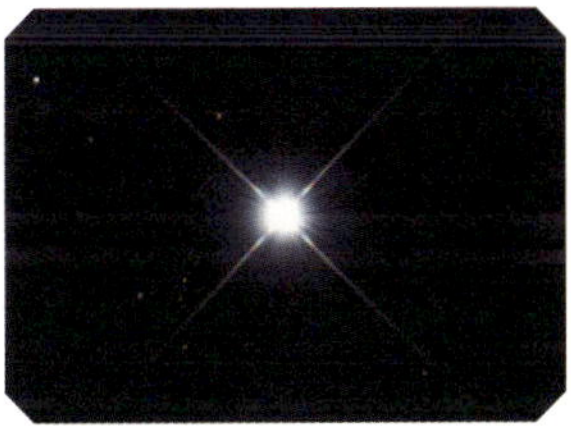

↑角宿一

常陈一与常陈四

牧夫座牵着的两条狗就是猎犬座。它常见于 4 月中旬 23 时许和 5 月中旬 21 时许的南方天空中。

虽然星座图将猎犬座和牧夫座画在了一起，但实际上它们是两个不同的星座。

猎犬座是 1687 年由约翰内斯 · 赫维留所创立的星座。这两只猎犬都有自己的名字，位于北侧的那一只名为常陈一（Asterion），位于南侧的那一只则叫作常陈四（Chara）。在希腊语中，“Asterion”的意思是“闪耀的星”，而“Chara”的意思则是“可爱的狗”。猎犬座 α 星的名字为“Cor Caroli”，有“查尔斯王的心脏”的涵义，就连其在星座图中的形象也是一颗心脏。据说，这是为了纪念 17 世纪的英国国王查尔斯。

M51 就存在于猎犬座之中，它是一个大型旋涡星系，附近还有一个因相互间引力而靠在一起的伴星系。它和它的伙伴看上去总是黏在一起，因此也被称作涡状星系。

↑ M51 涡状星系

↑ M63 向日葵星系

↑ M94

↑ M106

↑猎犬座 α 星

猎犬座内虽然少有亮星，但有很多用小口径望远镜便可以欣赏到的星系，如 M51、M63 和 M106。

后发座

后发座常常于4月中旬的23时许和5月中旬的21时许高高地挂在南方天空之中。其中最亮的星也不过是颗4等星，所以我们很难在城市里观测到它。不过在星河灿烂的地方就不难找到了。请在室女座的上方、狮子座和牧夫座的中间一带寻找闪闪发光的群星吧！

相传，这束成为星座的头发，属于公元前3世纪真实存在过的古埃及王妃伯伦尼斯二世，她是统治埃及的法老托勒密三世的妻子，以其秀丽的头发而闻名。

某天，托勒密三世要出征叙利亚，担心丈夫的伯伦尼斯二世对着爱与美之神阿芙洛狄忒祈祷说：“神啊，请保佑我的丈夫平安归来。如果您能为他带来胜利的话，我将为您献上我的头发。”

不久，托勒密三世便顺利凯旋。

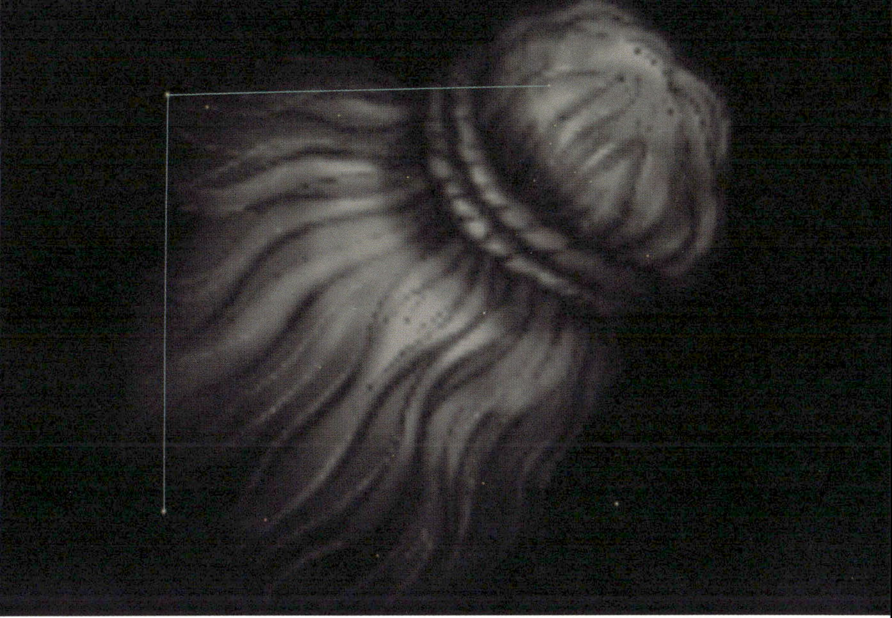

伯伦尼斯二世大喜过望，将自己的头发剪下来供奉在女神的神庙。头发缓缓升空，最终成为后发座。

↑梅洛特 111

后发座中有一个名为梅洛特 111（Melotte111）的疏散星团。虽然用肉眼也能看到一群聚集在一起的星星，但有条件的话，我还是推荐用双筒望远镜来观察。

室女座

室女座被称为春之女神，相传其原型是农业女神得墨忒耳，因为她的一只手拿着麦穗。

冬天室女座是位于地平线以下的，所以那时我们看不到它。春天，大地上百花争艳，绿草如茵，农作物也结出了果实。室女座就像一位在天上默默守护着这一切的女神一样。

室女座的标志是沿北斗七星延伸出的春季大曲线。请在起于牧夫座的大角星的延长线上，找找室女座的角宿一吧！观测它的最佳时间是 4 月的午夜时分、5 月的 22 时许和 6 月的 20 时许。最佳观测方向是南方。

室女座内有一名为 M87 的椭圆星系，其中心存在着一个巨大的黑洞。2019 年，人类首次成功捕捉到了黑洞的影像。事件视界望远镜合作组织（Event Horizon Telescope，缩写为 EHT）中的 300 多名研究人员借助世界各地的射电望远镜，形成了观测口径等效于地球直径的虚拟望远镜，并成功捕捉

到了黑洞的影像。

从观测结果来看，M87 星系中心的黑洞质量足足是太阳质量的 65 亿倍，非常巨大。我们所仰望着的春季星空的尽头，也存在着这样的黑洞。

↑位于室女座的 M104 草帽星系

↑ M87 中心的黑洞阴影

室女座中存在着由 2500 余个星系组成的室女座星系团。位于星系团中心的是 M87 星系——一个巨大的椭圆星系。

故事

S/t\o/r\y

被带往冥界的少女

农业女神得墨忒耳有一个美丽的独生女，名为普西芬尼。一天，普西芬尼在森林里摘花的时候，大地突然开裂，坐着黄金马车的冥王哈得斯横空出世。哈得斯很早以前就爱上了美丽的普西芬尼，希望有一天能够娶她为妻。

普西芬尼还没来得及惊讶，就被哈得斯带到了冥界。对此毫不知情的得墨忒耳，没日没夜地拿着火把四处寻找女儿的下落，但始终都没找到。

不久，得墨忒耳从太阳神赫利阿斯那里得知，普西芬尼被哈得斯掳走了。想到再也见不到女儿，悲痛的得墨忒耳不再在大地上劳作了。没有了农业女神的眷顾，大地上万物凋零，人类也因为没有食物而饱受饥饿之苦。天神宙斯见状，向哈得斯发话了："就算是为了拯救人类，也请尽快让普西芬尼回去。"就连冥王也不能违背天神宙斯的命令。即便他很不情愿，但迫于天神宙斯的神威，也只能答应让普西芬尼回到得墨忒耳的身边。

终于到了回家的那一天，普西芬尼高兴得不得了。哈得斯对她说道："回家路上口渴的话，就吃这个吧。"然后递给了她一些石榴籽。回家的路上，普西芬尼一共吃了四颗石榴籽。

母女团聚，二人喜极而泣。然而，冥界规定，吃了冥界食物的人，就必须在冥界度过相应数量的时间。是的，哈得斯装出一副亲切体谅的样子，就是为了让普西芬尼进入自己所设好的圈套。普西芬尼吃了四颗石榴籽，这使得她每年有四个月的时间必须重返冥界。

直到现在，普西芬尼每年也要在冥界里度过四个月的时间。每到那时，得墨忒耳就会因为悲伤过度而从大地上消失，“冬天要来了”也被人们口口相传。由于室女座在整个冬天都在地平线以下，我们看不到，春天来临时才会从东方升起，所以古人才创造了这样的神话。

北冕座

北冕座每年6月中旬的22时许和7月中旬的20时许会出现在天顶附近，其标志是一个半圆形。它不过是一个牧夫座东边的小星座，却意外地好找呢。它在日本也被称为“太鼓星”或“土俵（相扑运动的场地）星”。

北冕座的α星是一颗5等星，它的拉丁语名字是“Alphekka”，意思是“残缺的盘子”。过去，它也曾被称为“Gemma”（宝石）。

希腊神话中有这样一个故事。传说，克里特岛的宫殿里有一个牛头人身的怪物，名为米诺陶勒斯。一位名为忒修斯的雅典勇者前来讨伐它，克里特的公主阿里阿德涅爱上了这位勇者，便决心帮助他。

米诺陶勒斯所住的宫殿结构复杂，仿佛一座迷宫，就算忒修斯打败了米诺陶勒斯，走不出迷宫的话也无法回到雅典。于是，阿里阿德涅提议，让他在进宫殿时随身带着毛线球。

↑贯索四

北冕座的 α 星贯索四的学名“Alphekka”直到 2016 年 7 月才被正式承认。该名字固定下来的时间相对来说不算很长。

忒修斯把毛线球的一头系在宫殿的入口处，取下米诺陶勒斯的首级后，再沿着毛线原路返回，顺利地从迷宫中逃脱出来。忒修斯本应和阿里阿德涅一起离开克里特岛返回雅典，却在途中把她留在了一个小岛上。

酒神狄俄尼索斯看到悲伤不已的阿里阿德涅，于心不忍，常常去安慰她。日久生情，于是狄俄尼索斯将一顶美丽的王冠赐予了阿里阿德涅。这顶冠冕就是现在的北冕座。

专栏

column

黄道十二星座和占星有何种关联？

星座是在5000年前的美索不达米亚地区形成的。早在3000多年前的古巴比伦王国时期就有了星座的雏形，在巴比伦附近出土的名为"MUL.APIN"的黏土板上就记载着各星座的名称。此外，尼布甲尼撒一世时期的界碑上也雕刻着星座的图案。

最初形成的星座是黄道十二星座。虽说太阳每天都是从东方升起，西边落下，但我们在观测星星的过程中可以发现，太阳每天都在星空中向东移动大约1度的距离，一年后又回到原来的位置。古人把这条太阳走过的道路称为"黄道"，并将黄道上的星星排列组合成了黄道十二星座。

而划定星座则是为了制作历法，即用星座及太阳的位置表示务农的各个节点。比如，每年太阳运行到这个星座时天就会下雨；能看到那个星座的时候就该播种、收割了；等等。

当时的历法是从白羊座开始的，因为当时的春分点就位于白羊座境内（现在受地球的岁差运动影响移动至了双鱼座境内）。春分是太阳经过春分点的日子，春分点是黄道和赤道的交界处，是天文学上重要的日子。

从白羊座向东依次是金牛座、双子座、巨蟹座、狮子座、室女座、天秤座、天蝎座、射手座、摩羯座、水瓶座、双鱼座。这就是黄道十二星座。

MUL.APIN

古巴比伦在现在的伊拉克附近，位于底格里斯河和幼发拉底河之间的美索不达米亚的下游区域。这片区域内也有沙漠，因此我们应该也不难理解为什么十二星座中会有狮子和蝎子这两种动物了吧。另外由于十二星座和历法息息相关，所以若太阳运行到某些星座时地上处于雨季的话，该星座的名字也会和水有关（比如水瓶座、双鱼座）。过去人们为了提示雨季的到来，特意设置了与水有关的星座。

说到黄道十二星座，或许很多人都会想到星座占卜。然而，实际上天文学所说的黄道十二星座与用于占星的星座并不相通。

一个人的生日星座是由他出生时太阳所在的星座决定的（目前这些星座也和太阳实际所在的星座存在一定的偏差）。但是各星座大小不一，太阳停留在天蝎座等小星座的时间较少，而停留在室女座等大星座的时间则较长。显然，如果人们将自己出生时太阳所在的实际星座作为自己的生日星座的话，很容易导致生日星座是小星座的人少，而生日星座是大星座的人非常多。

因此，星座占卜中把黄道等分为 12 份，每份 30 度，统称为“黄道十二宫”。白羊座出生的人在占卜时用的并非位于白羊座的星星，而是“白羊宫”。

年份不同，各生日星座的日期范围也不一样。如果想要知道自己准确的生日星座的话，最好结合自己的出生年份来查询。

黄道十二星座的大小并不均等，因此黄道十二星座和黄道十二宫并不是严格一一对应的。

夏季星空看点

人们常常在夏季探访名川大山等星河灿烂之地。夏季也是一个欣赏银河、观赏流星雨、与星空亲密接触的好机会。总之，找一个天气凉爽的夜晚去仰望夜空吧！

寻找夏季星座的关键是“夏季大三角”。

每年 8 月初 21 时左右闪耀在天顶附近最亮的那颗星星就是天琴座的织女一，它是一颗 0 等星。在它东南边的是天鹰座的 1 等星——河鼓二（Altair），东北边的则是天鹅座的 1 等星——天津四（Deneb）。将这三颗星星连接起来所构成的三角形就是所谓的“夏季大三角”。大家或许还记得这个知识点，因为上小学时学过嘛。夏季大三角是夏季夜空中的一个明显的标志，即便在华灯璀璨的城市夜空中也能看到它。

天琴座的织女一和天鹰座的河鼓二也被分别称为“织女星”和“牛郎星”，它们都是与七夕节有关的星星，而二者之间看不真切的星河就是夏季的银河。我们可以看到，银河

就像是一条从夏季大三角区域向南方地平线延伸的光带。

高悬在织女星西边的星座就是武仙座，它是希腊神话中登场的英雄——赫拉克勒斯的星座，其标志是一群闪耀在天顶附近排列近似英文字母 H 的星星。不过，在北半球看，它是倒着的。试着找找看闪耀在武仙座头部位置的3等星“帝座”（Rasalgethi）星吧。

夏季星座中还有一个位于武仙座南面、形似高大男性的星座——蛇夫座，其2等星“候星”（Rasalhague）就位于武仙座帝座星下方不远的地方。若以候星为顶点，可以向下找到一个类似于日本将棋棋子形状的五边形星群，那就是蛇夫座。

↑位于射手座的 M17 星云

巨蛇座就像是一条被捕蛇者双手抓住的大蛇，若将其三角形的蛇头、蛇身以及蛇尾的星星连接起来，就会发现，它们与蛇夫座共同占据了一片面积相当大的领域。

夏日的南方星空中，有一条长长的“S”形星线，这就是天蝎座。其标志性星体心宿二是一颗1等星，外观呈红色。在欣赏星空时，请务必在满天星辰中试着辨认一下它哟。

射手座的标志是南斗六星，它的姿态看起来像是在瞄准一只大蝎子。天蝎座境内有疏散星团 M6 和 M7，而射手座则拥有诸如 M8 礁湖星云和 M20 三叶星云等众多美丽的天体。

7 月中旬 22 时左右的东京夜空

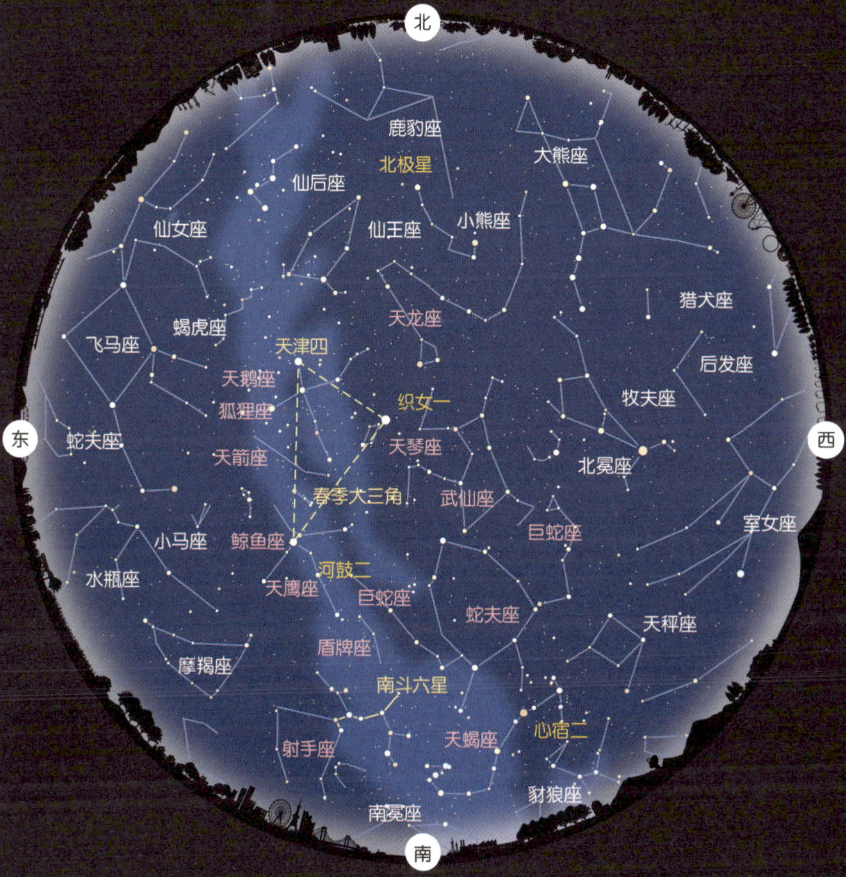

天蝎座

天蝎座是典型的夏季星座，每年8月初的20时左右都会闪耀在南方低空。要想找到它，首先要找到一群位于南方地平线上呈“S”形曲线排列的星星。这个“S”形十分规整，也难怪古人会将其看作一只蝎子。

若在天蝎座掠过地平线时观测它，就能切实地感受到星星的运动。每年7月中旬的19时许和8月中旬的17时许，天蝎座都会整个暴露在东南方向的地平线上，然后，它将分别在7月中旬的21时许和8月中旬的19时许掠过南方天空，于7月中旬的凌晨2时左右或8月中旬的午夜时分向西南方落下。天蝎座的外观极易辨认，选其当作暑假自由研究作业的课题也是十分不错的。

因为呈“S”形排列的星星也很像一只鱼钩，所以天蝎座在日本也被称为“鱼钓星”或“鲷钓星”。夏威夷也有类似的说法。传说，夏威夷住着一个拥有魔法鱼钩的男子，名为

↑界碑

古巴比伦时期（距今 3000 多年）的界碑（标记国家边界的石头）上就曾绘有天蝎座的图样。

毛伊。他的鱼钩十分厉害，甚至能把整个夏威夷小岛都钓起来。或许正是因为“S”形的天蝎座外形巨大，才有了这个如此天马行空的传说吧。天蝎座位于银河系，其中包含许多天体，例如，蝎尾附近的两个疏散星团 M6 和 M7，靠西紧挨着心宿二的球状星团 M4 以及位于 M4 星团上方不远处的 M80，等等。天蝎座是一个值得一看的星座，虽然仅凭肉眼也能看到其中的数颗星星，但若用望远镜观测的话，则能看到更多闪闪发光的星辰。

心宿二的真实面貌

心宿二是天蝎座的 α 星，又名“蝎子的心脏”，是一颗闪着耀眼红光的 1 等星。即便身处灯火辉煌的城市，我们也能在夜空中看到它。

它距离地球约 550 光年，即光以光速走过 550 年的距离。心宿二之所以是红色的，是因为它是一颗步入老年的红巨星，而这颗由气体团块所构成的红巨星之所以会发出耀眼的光芒,则是因为其内部发生的氢氦核聚变反应。然而，随着恒星寿命的增长，其内部用以燃烧的氢元素也会越来越稀缺，最终导致恒星大幅膨胀以保持平衡。在膨胀的过程中，其内部温度会逐渐降低，使得恒星变为红色。

据说，心宿二的直径足足有太阳的 680 倍，而太阳的直径又是地球的 109 倍，可见，心宿二与地球的大小真不在一个量级上。若能近距离观察它的话，一定会感到无比震撼。

由于心宿二位于月球的运行轨迹——“白道”上，所以常常会引发一种名为“合月”的天文现象，即星星被月

↑位于天蝎座的 NGC6302，又被叫作蝴蝶星云。

↑心宿二附近

亮遮住的现象。这就是所谓的“心宿二合月”，当心宿二位于月亮后侧时，看起来简直就像是从夜空中消失了一样。

↑心宿二

心宿二的英文名“Antares”由“Anti”和“Ares”这两个词组合而成，意为“火星的敌手”。它之所以叫这个名字，是因为其火红的外观与火星相似，靠近火星时，就像是在和火星相互较劲，看谁的颜色更红一样。

故事

S/t\o/r\y

刺伤奥瑞恩的蝎子

希腊神话中有一位十分魁梧强壮的猎人——奥瑞恩。传说他能捕杀这世上的一切动物。

他身披自己狩得的狮子皮，常常自夸道："我是世界上最强壮的猎人！就没有我猎不到的动物！"

奥林匹斯诸神对奥瑞恩的狂妄自大感到十分不快，想："他区区一介凡人怎么可能比神更强大？"

一次，像往常一样自吹自擂的奥瑞恩惹怒了天神宙斯的妻子赫拉。于是，赫拉派了一只带有剧毒的蝎子去惩罚他。

奥瑞恩看着这只脚边的小蝎子，抬脚就要踩，却反被它刺伤了脚。很快，身中剧毒的奥瑞恩就毒发身亡了。目睹了整个过程的天神，把毒死奥瑞恩的蝎子升至天空，化作了天蝎星座。

同时，奥瑞恩的尸体也被升至天空，化作了猎户座。然而，据说即便已经升至天空成为星座，他也十分惧怕蝎子，并会在夜空中避开它。

猎户座是冬季星座，而天蝎座是夏季星座，因此这两个星座并不会同时出现在一片星空之中。估计古人是看这两个星座总是在不同的季节闪耀，所以才创造了这个神话故事。

尼古拉斯·普桑《猎户座盲探太阳》

射手座

射手座是天蝎座东边的邻居，看起来像是射手在搭弓瞄准一只大蝎子，常见于每年8月中旬21时左右的南方天空之中。

所谓“射手”，即弓箭手，希腊神话中就有这样一个神箭手。他是半人马，上半身是人，下半身是马，名为喀戎。喀戎不像其他半人马一般凶狠野蛮，而是以智慧著称。他将医术传授给了蛇夫座的神医阿斯克勒庇俄斯，还将武艺传授给了英雄赫拉克勒斯。

射手座的标志是形似勺子的南斗六星。为与同是勺形的北斗七星区分，南斗六星也被称为“牛奶勺子”（milk dipper）[1]。

中国人认为“北斗主死，南斗主寿”。传说人的寿命是由北斗星君和南斗星君共同商议决定的。

---

1 西方人把银河称为牛奶路（Milky Way），而这把勺子就在银河里，所以又叫作牛奶勺子。

↑ M8 星云

2022 年 5 月，事件视界望远镜合作组织宣布，他们成功拍到了银河系中心黑洞人马座 A*（Sagittarius A*）的首张照片。这个黑洞的质量是太阳的 400 万倍。

射手座位于银河最亮的区域，有许多值得一看的天体，例如，位于南斗六星西侧的大型弥漫星云——M8 星云。因其中心左侧的数条尘埃带形似海水退潮时露出的礁湖，故又名礁湖星云。还有位于礁湖星云北面，就像是裂成了三块儿似的三叶星云 M20 等等。

故事

S t o r y

牺牲自己的贤人

射手座的神话人物喀戎是天神克洛诺斯和仙女菲吕拉之子。菲吕拉见自己所生的孩子上半身是人，下半身是马，十分震惊，认为孩子变成这样都是自己的错，悲痛欲绝之下，变成了一棵菩提树[1]。

没办法，喀戎只得到长得与自己一般无二的半人马部落里去生活。半人马多性格暴躁野蛮，而喀戎却头脑聪明、和蔼温和。这也让他备受众人尊敬，成为赫拉克勒斯等一众希腊神话英雄的老师。

一天，赫拉克勒斯来半人马部落拜访朋友，其他半人马也聚过来喝酒玩闹。大家正喝得起劲，赫拉克勒斯却和人发生了口角，后来演变成一场多人参与的混战。

半人马一方不敌赫拉克勒斯，四处逃窜。然而，怒火中烧的赫拉克勒斯并不打算善罢甘休，势要将在场的半人马全部杀光。没办法，半人马们只好逃到喀戎那儿去了。

赫拉克勒斯气得满脸通红，搭弓就要射向半人马们。

1　一说是同属的椴树。

见状，喀戎赶紧护住他们。不料，赫拉克勒斯射出的箭却正中喀戎。箭头上涂有九头蛇海德拉的蛇毒，毒素立刻传遍喀戎全身。

看到自己敬爱的老师中箭，赫拉克勒斯震惊不已，立刻冲到老师身边。他哭着向喀戎大喊，但痛不欲生的喀戎无法做出回应。喀戎是不死之身，这意味着只要他不死，这深入骨髓的痛苦就将一直折磨着他。

赫拉克勒斯请求他的父亲——神王宙斯消除喀戎的痛苦。传说，宙斯看到饱受痛苦折磨的喀戎，于心不忍，就把他升至夜空中，让他成了一个星座。

顺便一提，阿斯克勒庇俄斯也曾是喀戎的学生，他所在的蛇夫座就在射手座西边的天蝎座上空，且武仙座就在射手座的上方。因此，我们可以在夏日的同一片星空中同时看到它们两个。

专栏

column

一起来欣赏夏天的银河吧！

古人在仰望夏日夜空时，发现有一条光带酷似潺潺流动的溪流，故将其命名为“银河”。

虽然冬季夜空中也能看到银河的身影，但若是要观赏银河的话，我还是最推荐夏季，因为夏季银河要远比冬季银河明亮，更容易观察。银河是众星的集合体，夏季所观测到的正是银河中星星密集的区段。射手座附近的星星密集程度尤甚，银河也看起来更为明亮。

在我们看来，银河似乎是一条环绕夜空一周的光带。然而，地球位于太阳系中，而太阳系又位于一个由 2000 多亿颗恒星组成的大型星系——银河系当中。所以，事实上我们看到的银河只是银河系内部的一部分。

地球所处的银河系从侧面看就像一个中心隆起的铜锣烧，从上面看则又呈螺旋状。

光从银河系的一端走到另一端大约需要 10 万年。乘坐光速火箭横穿银河系也大约需要 10 万年。

暗星云遍布银河各处，由构成恒星的气体聚集而成。

它之所以看起来像一团黑色的云，是因为它能遮住来自背面的光。

相信暑假时很多人都会选择到一个能看到漫天繁星的地方去度假，更何况这还是一年中观赏银河的最佳时节，何不出门走它一遭？那群星璀璨的景象一定会让你永生难忘。

盾牌座

我们将在 7 月中旬的 21 时许和 8 月中旬的 19 时许于东南方向迎来观测盾牌座的最佳时期。

要想找到它，首先要找到位于天鹰座的河鼓二和射手座的南斗六星。它们都是夏季大三角的主星。找到后，再将天鹰座西边的星星和射手座北边的星星连起来，所构成的菱形星座就是盾牌座。

然而，遗憾的是，由于盾牌座 α 星的亮度并不高，仅为 3.9 等，所以我们很难在城市的夜空中看到它。若你去到一个视野开阔、满天星斗清晰可见的地方，请务必试着在夜空中找找它。银河会穿越盾牌座，因此，用双筒望远镜观测它时能看到许多美丽的星星哟。

盾牌座的名字与真实的历史人物有关。1683 年，波兰国王索别斯基三世战胜了入侵维也纳的土耳其军队。为了纪念这一功绩，约翰内斯 · 赫维留于 1684 年划定了一个新的星

↑ M11 星云

座——“索别斯基之盾座”。后来，星座名中的索别斯基被删去，该星座就成了盾牌座。

盾牌座附近的区域被称为小星云，聚集了银河中许多恒星。而疏散星团 M11 就位于小星云的上方。

天秤座

天秤座出现在6月下旬21时左右的南方天空。要想找到它，首先要找到天蝎座的心宿二和室女座的角宿一。在心宿二和角宿一之间，有星星排列似“く”字形，即天秤座。

所谓“天秤”，即一种带有两个秤盘的称量工具。传说，天上的星座“天秤”是正义女神阿斯特莱亚在衡量人类善恶时所用的天平。而阿斯特莱亚本人则化身为室女座。

天秤座来源已久，公元前2000年到公元前1000年左右，秋分点就曾位于天秤座境内。

秋分是太阳经过秋分点的日子，它是一年中特殊的日子。此时太阳从正东升起，从正西落下，昼夜几乎平分。相信古人也一定很重视春分和秋分时太阳所在的星座。

受地球岁差运动的影响，秋分点现已移动到室女座境内。

建于埃及中王国时期（公元前21世纪至公元前18世纪左右）的丹德拉（Dendera）神庙中就保存着一座天平浮雕，说明古代的人们也曾使用过天平。

↑丹德拉黄道带浮雕

故事

S
t
o
r
y

陪伴人类直至最后的女神

关于室女座的原型女神，人们众说纷纭，莫衷一是。一说其是希腊神话中的正义女神阿斯特莱亚的化身。

天神宙斯和法律女神忒弥斯共育有三个女儿，分别是秩序女神欧诺弥娅、正义女神狄刻以及和平女神厄瑞涅。

很久很久以前，世界处于“黄金时代”，神和人共同生活在一起。那时，世界和平有序，人们生活富足安逸，相互之间也没有纷争。

然而，世界进入“白银时代”后，随着人类数量的增加，冲突初现。

欧诺弥娅、狄刻和厄瑞涅日复一日地为化解冲突、恢复和平而努力。然而，冲突非但没有减少，反而与日俱增。

渐渐地，欧诺弥娅和厄瑞涅都对人类心生厌恶，返回了天上。

只有正义女神狄刻还相信着人类，驻留在人间。然而，不久后，“青铜时代”来了，人类之间的冲突愈演愈烈，最终演变成了一场大战。

狄刻终于绝望了，她悲叹道：“我再也无法制止冲突，维护世间秩序了……”最终，这位正义女神也放弃人类，返回天上了。

返回天上成为星辰的狄刻也被称为“阿斯特莱亚”。

传说，正义女神阿斯特莱亚至今仍在天上守护着人类，她用羽毛笔将人类的一切行为悉数记下，并用正义的天平来衡量他们的是非对错。

当阿斯特莱亚看到纷争不断、战火连天的地球时，她会作何感想？真希望传说中安稳富足的黄金时代能再次降临人间啊。

雅各布 · 祖基《白银时代》

武仙座

我们可以在 7 月初的 22 时许和 8 月初的 20 时许于天顶处观测到武仙座。试着在天顶处寻找一段闪耀的“H”形曲线吧。

武仙座形似英文字母 H，而 M13 星云就位于武仙座的腰部位置。用双筒望远镜就可以看到这个球状星团。

赫拉克勒斯是希腊神话中的英雄，他单膝跪地，一手持棍，一手擎蛇，好不威风。其头顶闪耀的星星就是武仙座的 α 星——“帝座”，试着找找看吧。

在希腊神话中，赫拉克勒斯是神王宙斯与凡人女子阿尔克墨涅之子，由于其出身而被天后赫拉所憎恨。

早在赫拉克勒斯还是婴儿的时候，赫拉就想要杀死他，为此还曾派出过两条毒蛇。然而，事与愿违，毒蛇非但没杀死赫拉克勒斯，反而被其牢牢攥在手里。不过，赫拉克勒斯

↑武仙座的 M13 星云

长大后，赫拉的诅咒还是应验了——他一生经历了 12 次冒险，最终也因此成了希腊最伟大的英雄。

1974 年，人们利用位于波多黎各（Puerto Rico）的阿雷西博射电望远镜（Arecibo radio telescope）向 M13 星云发送了一条给外星人的信息。M13 星云距离地球约 25000 光年，即便我们能收到外星人的回信，这一发一收也需要 5 万年。然而，不幸的是，在 2020 年阿雷西博射电望远镜就因年久失修而倒塌了。

天龙座

由于天龙座就位于北极星附近，所以全年可见，永不落下。它的最佳观测时间是7月初的22时许和8月初的20时许，彼时天龙座将出现在北方高空之中。

要想找到它，首先要找到武仙座北边排列成四方形的星星，即天龙座的龙头，再以龙头为起点画一个横着的2，得到龙身。二者结合就是天龙座。

天龙座的 α 星“右枢”（Thuban）是一颗距离我们300光年左右的3.7等星，同时也是公元前3000年左右的北极星（现在的北极星是小熊座的勾陈一［Polaris］）。

天龙座与赫拉克勒斯的12次冒险有关。

他其中的一次冒险就是去赫斯珀里德斯看守的圣园里偷取金苹果。除赫斯珀里德斯以外，看守苹果的还有一条巨龙，它盘踞在果树上，从不睡觉。

赫拉克勒斯在擎天巨神阿特拉斯的帮助下，成功地获得了金苹果。

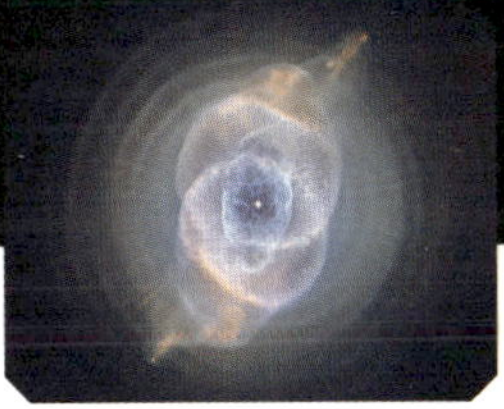

↑天龙座的NGC6543，又被称为猫眼星云。

象限仪流星雨在每年的1月4日左右迎来极大期，辐射点位于天龙座的ι星附近。而象限仪座现已不复存在。

蛇夫座、巨蛇座

蛇夫座常见于每年7月初22时许和8月初的20时许的南方天空。

位于蛇夫头部的是一颗2等星，名为“候”，英文名为“Rasalhague”，意为“捕蛇者的头”。以候星为顶点，向下找到一个类似于日本将棋棋子形状的五边形星群，这就是蛇夫座。

蛇夫座是希腊神话中神医阿斯克勒庇俄斯的化身。据说一切疑难杂症在他面前都不是问题，但他的治疗方法十分怪异：当患者来找他看病时，他会让蛇咬一口患者的患处。病人冷不丁地被蛇一咬，难免会吓一跳，这一吓，病也就好了。

谁知这种方法竟还有起死回生之效。为此，冥王哈得斯向天神宙斯表达了自己对冥府灭亡的担忧。

于是，宙斯降下一道天雷，劈死了阿斯克勒庇俄斯。然而，

↑阿斯克勒庇俄斯

↑候星

传说为赞扬其拯救了多人性命的功绩，宙斯也将阿斯克勒庇俄斯升上天空，化为蛇夫座。

在蛇夫星座距离太阳系大约 6 光年的地方存在着一颗名为巴纳德（Barnard）的星星。它以在星空中的高速移动而闻名。

蛇与医学之间的关系

我们可以在每年 7 月初的 22 时许和 8 月初的 20 时许于南方天空中观测到巨蛇座的身影。蛇夫座阿斯克勒庇俄斯所持的蛇头和蛇尾的部分属于巨蛇座，而中间的蛇身部分则属于蛇夫座。

蛇夫座西边的小三角形形状的星群就是巨蛇座的蛇头。巨蛇座是全天 88 个星座中唯一被分成两个部分的星座。

M16 星云是位于巨蛇座的尾部附近的一个弥漫星云，又名鹰状星云。因其照片中的形状好像一只振展红色羽翼的雄鹰而得此名。

古人认为蛇蜕皮就好像是在恢复活力，重返青春。因此，自古以来人们都将蛇视为健康的象征。

早在古希腊时期，人们就已经知道了蛇毒可以入药。而蛇作为医学的象征，也就成了人们所信仰的对象。世界卫生组织（World Health Organization，缩写为 WHO）的标志上就绘有一条蛇。

↑ M16 星云

↑ 世界卫生组织的标志

M16 星云还因内部被哈勃太空望远镜拍摄到的手指状暗星云而为众人所熟知，这种天体景象被称为“创生之柱”。

天琴座

天琴座会在7月下旬22时许和8月下旬20时许的天顶附近闪耀，其标志是夏季大三角顶点之一的织女一。以织女一为顶点画一个小三角形，然后在三角形的基础上画一个平行四边形，就得到了天琴座。

织女一是夏季大三角中最亮的星星，在仲夏的星空中闪烁着耀眼的光芒，因此也被称为“夏夜的女王”。

天琴座代表的是希腊神话中竖琴名家俄耳甫斯的琴。据说，俄耳甫斯的琴声能令动物、树木甚至河流都如痴如醉。

天琴座的环状星云M57形似一个圆环，因此被称为环状星云或甜甜圈星云，有时也被说成是牛郎送给织女的订婚戒指。

M57是一颗质量与太阳相当的恒星，正处于其生命历程的最后阶段，膨胀成了一颗红巨星，周围还环绕着释放出的气体。据说，50亿年后，太阳也会如此。

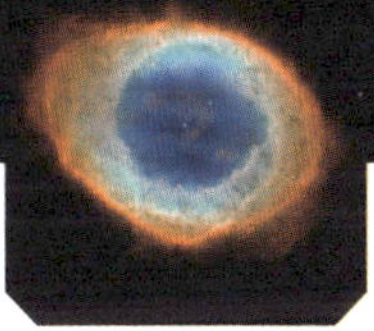

↑ ε 星

↑ M57 星云

天琴座的 ε 星是一个双星系统，用双筒望远镜就可以看到它们。而其中的 ε1 和 ε2 又分别为一个双星系统。这意味着 ε 星是一颗四重星，因此也被称为“双双星”。

夏季大三角

夏季大三角是夏季非常值得观赏的星星，它由高悬天空的天琴座织女一和其他两颗星星连接而成。织女一是一颗 0 等星，其他二者也都为 1 等星，因此即使在灯火通明的城市夜空中也能轻易看到。

一旦记住它的特征，我们就能轻易地在夜空中找到它，且每年都能观赏到它哟。

织女一是一颗在天顶附近的亮星，每年 7 月中旬的 23 时和 8 月中旬的 21 时左右都可以在夜空中看到它。七夕（农历七月七日）前后，我们可以在 21 时左右于东方天空看到它的身影。

沿着天琴座织女一的方向将手臂伸直，约 3.5 个拳头远的位置上有一颗明亮的星星，那就是天鹰座的河鼓二。织女一就是七夕传说中的织女星，而河鼓二也就是牛郎星。因此，若你所处之地视野开阔，星河闪烁，那么你就能在这两颗星之间看到银河。以织女星和牛郎星的连线为底边，以夜空中的另一颗亮星——天鹅座的天津四为顶点，画一

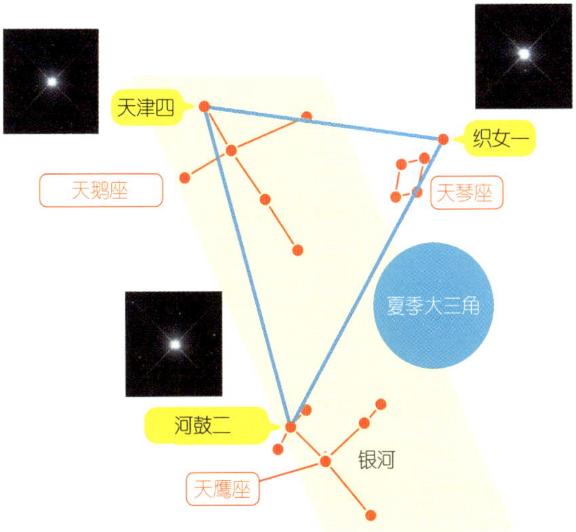

个形似切块蛋糕的三角形，得到的就是夏季大三角。

让我们试着一起用上述的夏季大三角找到北极星吧：连接织女星和天津四，以该线为对称轴作牛郎星的对称点，得到北极星。这是一个寻找2等星北极星的好方法。不过，寻找北极星的方法千千万万，请务必尝试找到适合自己的简便方法哟。

明亮清晰的夏季大三角是探索夏季星座的“罗盘”。例如，牛郎座附近有鲸鱼座，织女星和牵牛星连线的南延长线上有摩羯座，等等。

像这样逐渐掌握了寻找星星的方法后，我们认识的星座也就会变得越来越多了。

故事

S/t/o/r/y

深爱妻子的竖琴名手

很久以前，希腊有一位竖琴大师，名叫俄耳甫斯。

俄耳甫斯有一个情投意合的妻子，名为欧律狄刻，二人幸福地生活在一起。然而有一天，欧律狄刻在采花时一不小心被毒蛇咬死了。听闻噩耗痛不欲生的俄耳甫斯为了救回妻子，不惜舍身进入死人之国——冥府。

冥府位于一个幽深的洞穴之下，洞穴门口还有一只看门的地狱犬。俄耳甫斯求它打开大门，地狱犬自然置若罔闻。没办法，俄耳甫斯只得弹起了竖琴求情。他的琴声凄美动人，听得地狱犬为其打开了大门。

俄耳甫斯终于来到了冥王哈得斯的面前，哭泣着弹起竖琴，请求哈得斯把欧律狄刻还给他。

那琴声如泣如诉，萦绕在整个冥府，闻者无不落泪。看到这一幕，哈得斯心生怜悯，法外开恩，允许欧律狄刻重返人间。

俄耳甫斯大喜过望。不过哈得斯有一个条件：在重返人间之前，绝不能回头。

俄耳甫斯答应了哈得斯的条件，带着妻子穿过幽谷向人间走去。俄耳甫斯几度想要回头，但一想到与哈得斯的约定，便又继续埋头赶路。

洞穴阴森黑暗，终于，他看到了人间的微光。俄耳甫斯忘记了哈得斯的叮嘱，还是回头看了。未几，欧律狄刻又被拉回了冥府，再也没有现身过。

俄耳甫斯拼命弹琴，却再无人倾听。独自返回人间的俄耳甫斯伤心欲绝，最终投河自尽了。天神宙斯可怜他死得悲惨，便拾起了他的琴挂在夜空中，使之成为星座。

天鹰座

天鹰座闪耀在7月下旬21时许和8月下旬19时许的东南方天空。α星河鼓二(即牛郎星)是夏季大三角的主星之一，质量约为太阳的1.8倍，在赤道上自转的速度大约是250km/s。

其英文名“Altair”在阿拉伯语中的意思是“飞翔的鹰”，而在日本，人们更熟悉它的另一个名字——彦星(即牛郎星)。把并排出现在其两侧的两颗星星想象成牛郎牵着的两头牛，是不是更容易记住它呢?跟传说中一样，织女星和牛郎星隔着银河遥遥相望。一定要在夏季星空中找找它们哟。

天鹰座是天神宙斯的化身。宙斯是希腊神话中最伟大的神，他掌管天空和正义，能够随意控制雷电。他还能变身为世间万物，有时也会化身为鸟或动物降临人间。传说，宙斯在空中看中聪明伶俐的美少年盖尼米德时就是鹰形，而他驮着盖尼米德腾空上天之姿就化作了天鹰座。

↑柯勒乔《盖尼米德被老鹰掳走》

传说中牛郎和织女每年只在七夕之夜相会一次，然而，实际上这两颗星星之间的距离足足有 15 光年。这个距离，即便牛郎打电话给织女，他的声音也需要 15 年才能传到她的耳朵里。

专栏

column

一年相会一次的织女和牛郎

七夕的传说起源于中国。在日本，织女和牛郎也被分别称为“织姬”和“彦星”。传说，织女是天帝的独生女，负责织布。其所织之布也不是凡物，是天上神仙所穿的神布。织女非常热爱自己的工作，但也很孤独。她每天面对的就只是织机，连一个朋友也没有。天帝见状心生怜悯，决定把银河东岸的牛郎找来。牛郎也很热爱他的工作，每日辛勤地养牛。

两人很快成为好朋友，且最终织女嫁给了牛郎。他们每天非常快乐，以至于都忘记了自己的本职工作。见此情景，天帝劝诫他们说：“别光顾着玩，也得好好工作呀。”但他们仍我行我素。织女不织布，天庭也就没有了制作衣服用的布匹。牛郎不照顾牛，牛也又瘦又脏。

终于，天帝发怒了，用银河将二人分隔在两岸，即便他们哭着谢罪，天帝也没原谅他们。遥遥相望的织女和牛郎又恢复了往日的辛勤劳作。天帝看在眼里，特许他们每年在七夕之夜相会一次。

七夕这天，成群的喜鹊用身体在银河上架起了一座桥。这样，二人才得以重逢。不过，若是赶上下雨，他们就不得不再等一年了，因为喜鹊的翅膀会被雨淋湿，无法在银河上架桥。七夕是在农历七月七日。由于农历日期约比现行公历晚一个月，所以有些地区也会在公历 8 月 7 日庆祝七夕。七夕的传说传到日本后，发展成了七夕祭。每年七月七日，从事织布工作的女子都会在海边建起一所织布的小屋子，等待神灵的到来。这本是宫廷的活动，江户时期才逐渐在民间流传开来。

七夕节也被称为“乞巧节”，原本是一个祈求智慧和手艺的节日。如果您过去未能实现自己的愿望，不妨在下一个七夕节许愿，以便祈求自己的手艺有所提高。

天鹅座

天鹅座闪耀在7月中旬22时许和8月中旬20时许的东北方天空，其标志是闪耀在银河之中的“十”字形星群——“北十字星”。天鹅座形似一只展翅的鸟儿。

天鹅座的 α 星天津四位于其尾部位置，是夏季大三角的主星之一。从尾部的天津四向前延伸，鸟喙位置的恒星就是天鹅座的 β 星辇道增七（Albireo）。它由两颗重叠的星星构成，是一个双星系统。这意味着，肉眼看上去，辇道增七似乎是一颗单独的恒星，但在望远镜下，它很容易解析为双星：一颗闪着橙色光芒的辇道增七A和一颗闪着蓝色光芒的辇道增七B。因其非凡的美丽，辇道增七也被称为“天空中的宝石”。

天鹅座是天神宙斯的化身。传说，宙斯爱上了美丽的斯巴达王后勒达，并化身为天鹅与她相会。勒达后来诞下两只蛋。一只蛋中孵出了一对双胞胎男孩，另一只蛋中则孵出了一对

双胞胎女孩。这对双胞胎男孩的哥哥名为卡斯托，弟弟名为波拉克斯，这就是后来的双子座。

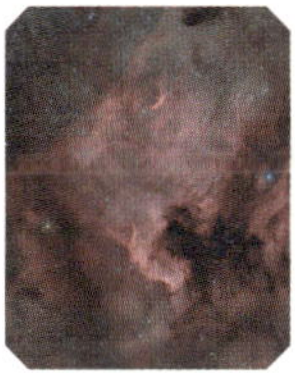

↑ NGC7000

↑ 辇道增七

天津四东边有一个名为北美洲星云（NGC7000）的弥漫星云，因形状酷似北美大陆而得名。

天鹅座黑洞

1964 年，人们在天鹅座方向发现了一个不可思议的天体——天鹅座 X–1（Cygnus X–1）。尽管它能喷射出高能量的 X 射线，我们却观测不到它。

此前，人们发现，一种我们看不到的天体会在吸入周围气体时释放出高能量的 X 射线，人们将这一现象命名为“黑洞”。而这个天鹅座 X–1 就是人类发现的第一个强有力的黑洞候选天体。后来的观测结果表明，天鹅座 X–1 原本是一颗质量超太阳 60 倍的恒星，在生命的最终时刻受引力作用的影响，坍缩成了一个质量超太阳 20 倍的黑洞。

后来，为捕捉黑洞的影像，来自世界各地的 300 多名天文学家聚集在一起，创建了事件视界望远镜合作组织。

2019 年 4 月，事件视界望远镜合作组织宣布成功拍摄到了人类首张黑洞的照片，它是位于室女座星系团 M87 星系中心的一个巨大黑洞。

黑洞是一种神秘的天体，其引力大到甚至连光都无法逃脱。黑洞本身是无法观测的。然而，其周围的发光气体

↑天鹅座 X–1 的猜想图

会在强大引力的影响下呈现圆环状绕黑洞一周。这就是所谓的黑洞阴影。

↑从 M87 中心喷出的射流

专栏

column

自北十字星开往南十字星的银河铁道之旅

天鹅座位于银河之中，其标志为由天津四构成的十字形星群——北十字星。依次连接天鹅座尾部的天津四、腹部的天津一和喙部的辇道增七构成竖线，再连接天津一及其左右两侧的星星构成横线，就形成了一个漂亮的十字架形星座。

宫泽贤治创作的童话《银河铁道之夜》讲述了主人公乘火车畅游银河的故事。书中的这趟旅程始于北十字星，终于南半球的南十字星。一路上夏季星座一个挨着一个，让人目不暇接。

始发于银河站的银河列车先停靠在了天鹅座 β 天文台。天鹅座 β 星是一颗双星，透过望远镜可以将其分解为两颗星星，其中的一颗闪着迷人的橙色光芒，而另一颗则闪着耀眼的蓝色光芒。《银河铁道之夜》中写道："两颗令人目眩神迷的巨大透明的青玉和黄玉球体，正静静地绕着圆形轨迹旋转。"

南十字星是这趟银河铁道之旅的终点站。在日本的话，不往南走到冲绳和宫古岛等地是看不到它的。

南十字星又名南十字星座，由排列成小十字形的两颗1等星、一颗2等星和一颗3等星组成，是全天88个星座中最小的星座。虽然它的面积很小，但包含了两颗1等星，是个很好记的星座。

不过，很遗憾地告诉您，暑假期间在日本是看不到南十字星座的。在日本，它的最佳观测时间是5月初，届时它将高悬于南方天空，就在乌鸦座的正下方。

夏天虽然看不到南十字星，但我们可以想象。它就在南方地平线的下方，不妨试试从银河中的北十字星开始，开启您的银河探星之旅吧！不过，得先找到北半球的北十字星，我们是能看到它的哟。

天箭座

天箭座常见于每年8月中旬20时左右的东南方天空。

要想找到它，首先要找到夏季大三角主星之一的河鼓二。天箭座是一个小星座，就位于河鼓二的上方，其标志是一个横着的，细细长长的“Y”字形。

传说天箭座的箭是爱与美之神阿芙洛狄忒之子厄洛斯[1]的爱情之箭。厄洛斯的爱情之箭拥有一种神奇的魔力：只要被箭射中，任何人都会坠入爱河。

很久很久以前，某个国家中有一位名为普赛克的公主。她非常美丽，甚至威胁到了爱与美之神阿芙洛狄忒。听说此事的阿芙洛狄忒非常生气，命令厄洛斯：“去用你的箭让普赛克为爱发狂吧。”

厄洛斯奉命去找普赛克，却对她一见倾心。她那无与伦比的美丽使厄洛斯持箭射向了自己。得知此事的阿芙洛狄忒

1　指的是我们常说的爱神丘比特。

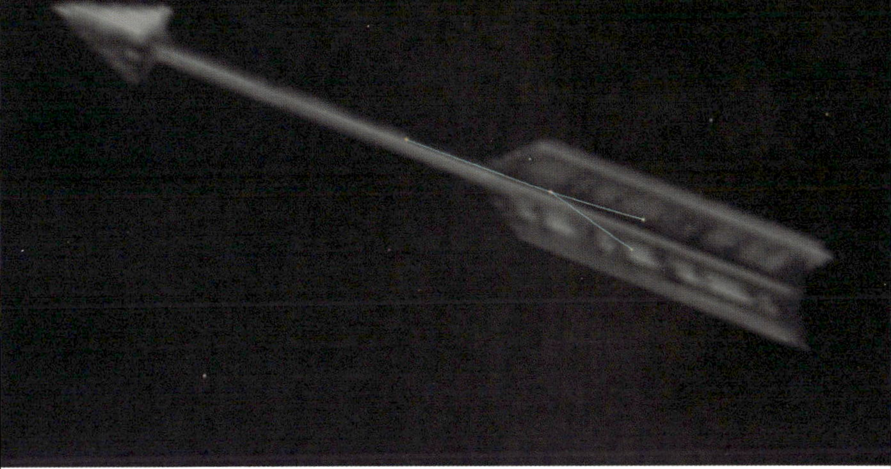

对普赛克百般刁难，而厄洛斯一直竭尽所能守护着她。天神宙斯为厄洛斯的深情所感动，将普赛克也封为神，并让他们结为夫妻。

→弗朗索瓦·热拉尔《普赛克第一次接受爱神之吻》

爱神厄洛斯背上长着一对小翅膀，他爱恶作剧，常常会飞到人的身边，向他们射箭。

狐狸座

狐狸座闪耀在每年8月中旬20时的东南方天空之中，就位于夏季大三角的中央。我们可以通过天鹅座鸟喙部的辇道增七找到它。

辇道增七附近的星星就是狐狸座的α星齐增五（Anser）。齐增五是颗4等星，与其附近的6等星一起组成了视觉上的双星系统，但除非夜色昏暗，星辰明显，否则很难发现它。由于这个星座内多为暗星，所以夜空中很难发现这只小狐狸的身影。

狐狸座是波兰天文学家赫维留在17世纪划定的。最初它也被称为“鹅与狐狸星座”，所以星座图上画的也是一只叼着鹅的狐狸。后来，去掉了该星座名中的鹅，就只剩下狐狸座了。

狐狸座内有一个美丽的行星状星云——M27星云，因其形似中凹的铁制哑铃而得名“哑铃星云”。照片显示，它是

← M27 星云

一个蓝紫色星云，美丽非凡。同时它还是亮度较高的行星状星云之一，适合进行天文观测。

它与地球相距约 820 光年，其周围的气体正在以 30km/s 的惊人速度从中心向太空呈球状扩散。

狐狸座是一个不太起眼的星座，在银河的衬托下，仿佛一只小狐狸潜伏在银河之中。

column

流星是怎样形成的？

每年盂兰盆节前后出现在夜空中的就是英仙座流星雨。它与最佳观测期在 1 月 4 日前后的象限仪座流星雨和最佳观测期在 12 月 14 日前后的双子座流星雨并称为北半球三大流星雨。

英仙座流星雨在 8 月 12 ~ 13 日前后达到极大期，若条件良好，一小时内就可以观测到 40 颗以上的流星。黎明时分能够最大程度地看到英仙座流星雨，因此，最好在午夜到黎明这段时间内去观测它。

在地球上的观测者看来，流星雨似乎都是从夜空中的某一点（也被称为放射点或辐射点）飞向四面八方的，因此人们会用该点附近的星座来为该流星雨命名。据此可知，英仙座流星雨的辐射点就在英仙座附近，无数流星从那里飞泻而出。

英仙座流星雨的本质是周期约为 130 年的斯威夫特·塔特尔彗星在其绕日轨道上残留下来的尘埃。地球绕日公转周期为一年，总是在同一时间经过同一颗彗星的轨道。此时，流星经过时所残留的尘埃[1]会与地球大气层产生摩擦。若该尘埃的速度超过 60km/s，则能闯入大气层中并且燃烧——这就是流星。

古人相信，若能在流星消失前默念三次自己的愿望，愿望就会实现。他们觉得流星是天上的神仙打开窗子俯瞰人间时透出的一缕光芒，看到流星就意味着有神仙正在俯视大地。因此，他们才会觉得在流星出现时许愿，愿望就能被天上的神仙听到吧。

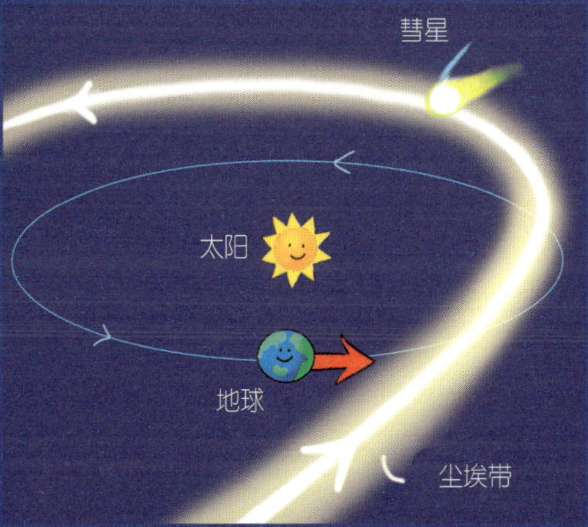

彗星接近太阳时，表面物质升华，形成残留在轨道的流星体。当地球轨道与彗星轨道相交时，能看到流星体闯入地球大气层。

1　又称为流星体。

然而，实际上，流星通常只有0.1 ~ 0.3秒钟是发光的，想要在这极短的时间内连续说出三次愿望简直难如登天。我主持的《儿童科学电话咨询》这一节目中也经常有小孩子打电话来问:“我对着流星许愿的话，愿望就会实现吗？”事实上，我们能看见流星的时间真的很短，也不确定它什么时候会出现。即便如此，我也认为，那些看到流星能够立马把愿望说出口的人，其愿望一定能传达给流星。因为，那个愿望一定已经深藏在他心中许久了。

虽说流星雨一般只有一个辐射点，但只观测辐射点附近也并不意味着你就能看到许多流星，因为有些流星会向南移动，有些则会向北。观测流星一定要有耐心，而且还要保证环境尽可能地昏暗，方向尽可能地容易观测。

想要看到大量流星，秘诀就在于耐心。暑假在星空辽阔之处等待流星时，别忘了带上保暖衣物。即便是夏天，深夜的深山和海边等地也会很冷。最好能带上点热饮。再带一张厚床单，让自己能以最舒服的方式躺着观星。

虽然我已多次见过流星了，但我每一次再见到它还是会心潮澎湃。

流星是彗星落向宇宙的尘埃，也是尘埃生命的尽头。它转瞬即逝，只在这一刻绚烂。有机会的话，请务必好好看看它呀。

海豚座

海豚座闪耀在 8 月中旬 21 时左右的东南方天空。要想找到它，首先要找到天鹰座。河鼓二东边的那个小小的菱形就是海豚座。那个小菱形后面还拖着一条长长的尾巴，这就是它的标志。海豚座是一个小而可爱的星座。

希腊神话中有一位来自科林斯的乐师，名为阿里翁，善弹琴。一次，他在西西里岛举办的音乐比赛中获得了一等奖和一大笔钱。然而，他在返程的路上遭到了船上水手的谋害。那群水手被金钱蒙蔽了双眼，想要谋财害命。

绝望的阿里翁说："在我死之前，请让我再弹奏一曲吧。"说着，阿里翁弹起了竖琴。那琴声十分美妙，水手们无不为之倾倒。

一曲奏完，阿里翁起身跳入海中。然而，一些热爱音乐的海豚听到琴声，救起了他，并将他驮到了附近的一个小岛上。

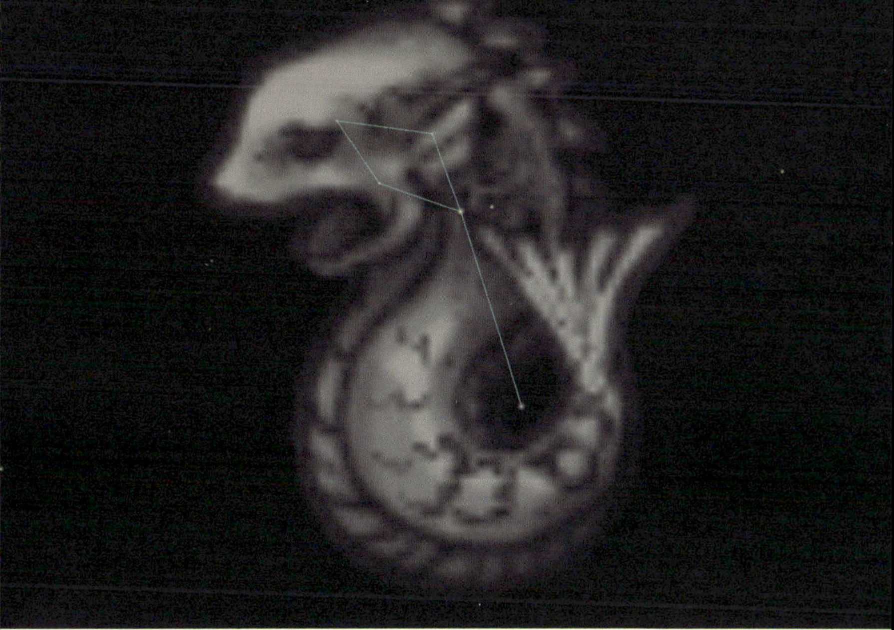

虽然古星图上画着的海豚看起来像海马，但海豚在古希腊是神圣的动物，人们认为它负责运送死者的灵魂。

阿里翁回国后，把事情的原委告诉了国王。听完，国王把水手们赶出了国境，并把奖金还给了他。据说，后来，救了阿里翁的海豚就变成了一个星座。

专栏

column

为什么月亮的形状会变化？

众所周知，月球是地球的卫星。从古至今，人们从未停止仰望月球。因为赏月等活动的流行，月亮可以说是人们非常熟悉的天体之一了。

月亮每天都会以不同的面貌出现，并在夜空中移动。月亮的形状之所以会改变，是因为它在绕地球公转。

月亮本身并不发光，而是通过反射太阳光，使自身散发光芒。因此，太阳照射的位置不同，它的形状也不同。月相从新月开始，依次为上弦月、下弦月和满月。

月亮每27.3天绕地球公转一周，这被称为“一恒星月”。然而，从地球上看，月球从一轮新月消失到又一轮新月出现则大约需要29.5天，这被称为“一朔望月”。

朔望月之所以比恒星月多2.2天，是因为月球在绕地球公转的同时，地球也在绕太阳公转。因此，月球必须多花一些时间才会到达新月的位置。

此外，月球朝向地球的始终是同一面。这是因为月球在绕地球公转一周的同时，自身也会旋转一周（自转一圈）。

话说，近年来你听说过“超级月亮”吗？

月球的绕地轨道是一个椭圆，其近地点距离地球约 35 万千米，远地点距离地球约 40 万千米。月亮离我们越近，看起来就越大。位于近地点的满月通常就被称为超级月亮。

当满月从地平线升起时，月亮似乎比它升到天顶时更大，然而这只是一种视觉错觉。当月亮附近有建筑物、山脉等其他参照物时，大脑会做出其是一个庞然大物的判断。实际上，满月的大小在一天中变化不大。

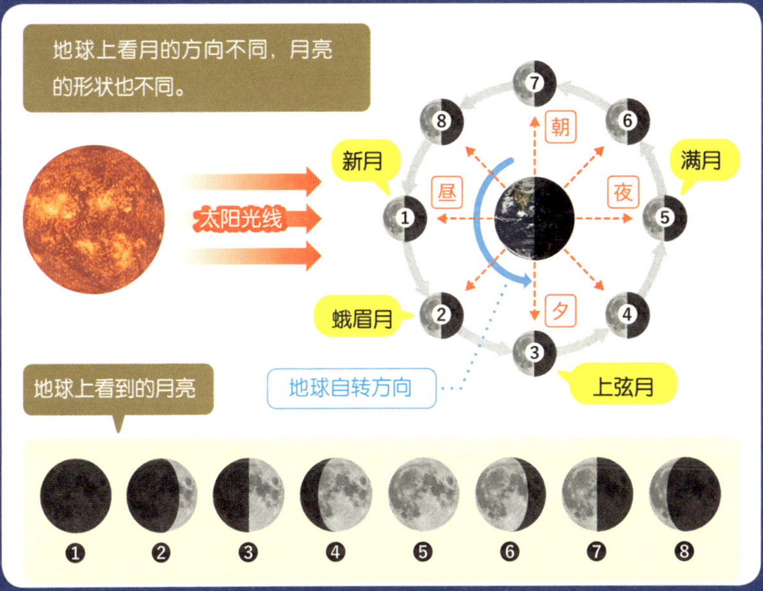

秋季星空看点

夏日的燥热逐渐消散，又到了听着虫鸣仰望月亮的季节。秋季夜空中，汇聚了许多与古代埃塞俄比亚王室有关的星座。想来，古代的人们也会一边看着夜空中的星星，一边在脑中构思那些宏大的故事吧。

寻找秋季星座的关键在于“秋季四边形”。

秋季星空中多为暗星，仅有一颗1等星，所以在探索秋季星座之前，我们首先要找到的就是这个起标志性作用的方框。

10月上旬的23时许和11月上旬的21时许，闪耀在天顶附近的四颗星星共同构成了秋季四边形。因为这一部分也是飞马座的身体，所以也被称为“飞马大四边形”。

位于秋季四边形东北方的是仙女座。这里有着仙女座星系，如果观测条件良好的话，用肉眼就能看到它。

仙女座的东边是英仙座，北边是仙后座，再往西则是仙王座。

在希腊神话中，古埃塞俄比亚国王克甫斯的化身是仙王座，其王后卡西奥佩娅的化身是仙后座，其独生女安德洛墨达公主的化身则是仙女座。而从鲸鱼座手下救下了安德洛墨达公主的则是化身为英仙座的勇者珀尔修斯。

秋季星座的另一大看点在于，这里的许多星座都与水有关。将秋季四边形西侧的两颗星星（室宿一［Markab］和室宿二［Scheat］）连接起来再延长，在它的尽头会发现一颗唯一的1等星，它就是被称为“秋季第一星”的南鱼座北落师门星。

↑位于白羊座的 NGC1156

南鱼座的上方就是水瓶座，而水瓶座的东北方就是双鱼座。与水有关的星座都位于这一带，彼此相连。据说，这是因为星座诞生之初，太阳经过水瓶座的时候美索不达米亚地区恰好是雨季，而美索不达米亚地区正是在星座诞生的地方。

划定星座本就是为了制作历法，或许古人就是为了增进对雨季的了解，才特意划定了这些与水有关的星座吧。

10月中旬22时许 东京的天空

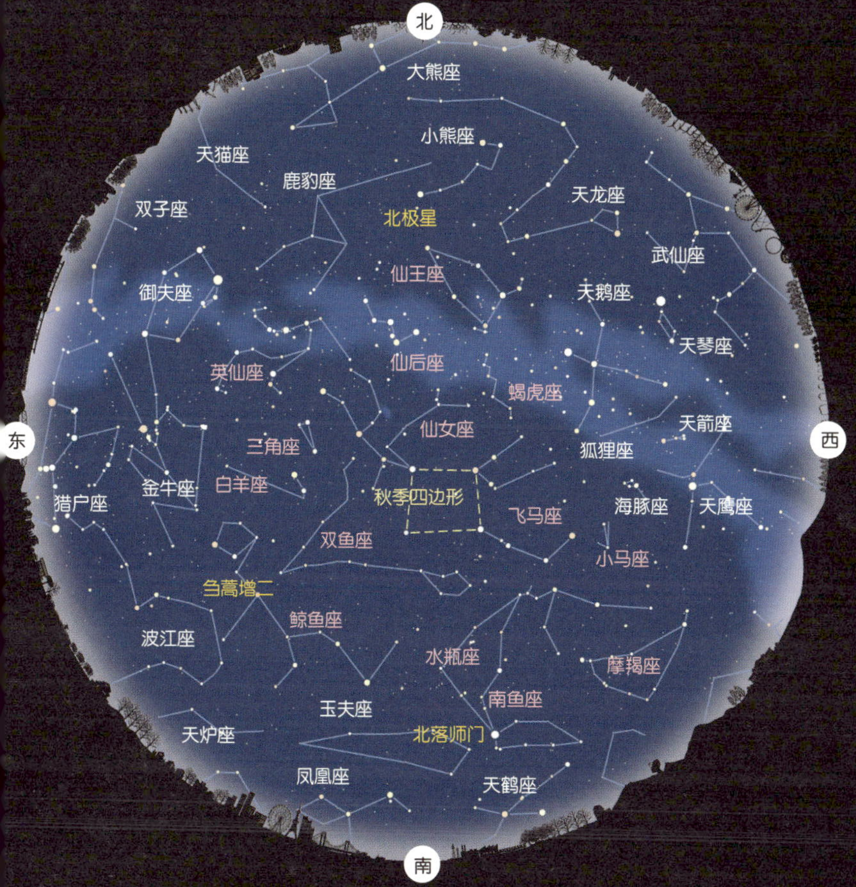

仙后座

仙后座常见于10月下旬22时许和11月下旬20时许的北方天空中。话虽如此，由于这个星座与北极星的距离并不远，所以全年可见，永不坠落。

仙后座的标志是五颗像英文字母M或者W一样排列的星星。它们在秋冬两季时呈“M”形排列，而在春夏两季的时候则低低地悬在地平线上，看上去就像一个W。

我们也可以通过仙后座来找到北极星：将仙后座“M”字两侧的星星分别连接起来并延长，它们会相交于一点，再把这个交点同“M”字正中心的星星连接起来，将所构成的线段延长五倍后，前方的那颗星星就是北极星。仙后座大约每天都会绕北极星附近公转一周，所以通过观察这个星座相对于北极星的位置，就可以大致推测出当下的时间，即把北极星视作表盘的中心，把该星座视为时针。在了解其绕北极星转过180度需要12小时之后，我们就可以通过二者的相对位置推测

1572 年仙后座出现了一颗亮度与金星相当的超新星。由于丹麦天文学家第谷·布拉赫对其进行了详细的观测，故也被称为“第谷超新星”（Tycho's supernova）。尽管它现在已经无法再以肉眼看到了，但是在我们看不见的地方，它仍在发出 X 射线和光呢。

当下的时间啦。

卡西奥佩娅是古埃塞俄比亚王国的王后。她总是自吹自擂，说自己和女儿的美丽甚至超过了天神，因而惹怒了天神，直到现在还在北方的天空中盘旋着，永不停歇。

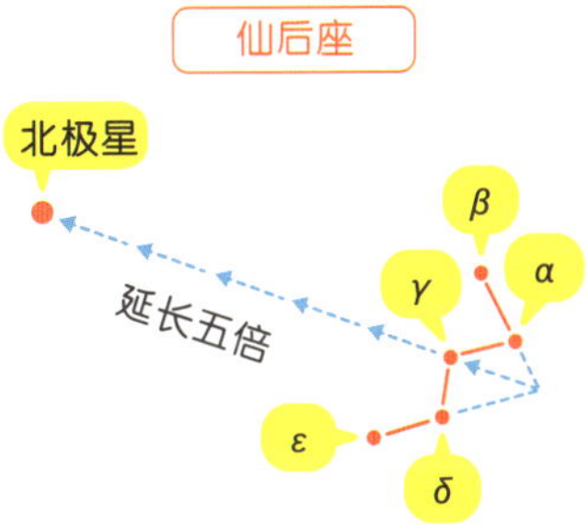

↑仙后座因为形似字母 M，在日本也被称为“山形星”，又因为同时形似字母 W 而被称为“锚星”。

仙王座、蝎虎座

仙王座会出现在每年 10 月中旬的 21 时许和 11 月中旬的 19 时许的北方天空。

位于天鹅座东侧和仙后座西侧，呈五边形排列的星座就是仙王座。它就像是简笔画中三角形屋顶的小屋子一样。它与古埃塞俄比亚王室关系匪浅，就像一家人齐聚一堂，在秋天的夜空中熠熠生辉。

仙王座里有一把可以测量天体间距离的尺子，它就是仙王座 δ 星（Cepheid），也被称为造父变星。它是一颗脉动变星，其星体会反复经历膨胀—收缩—再膨胀—再收缩的过程，其亮度也会随时间呈周期性变化。因为这种变星的光变周期（即亮度变化一周的时间）和其原本的亮度（绝对星等）成正比，所以将通过光变周期得出的绝对星等和它的视星等比较后，就能计算出各星体之间的距离。

自从在银河中发现了这颗造父变星，许多星系间的距离测量问题就都迎刃而解了。

蝎虎座 BL

蝎虎座在仙王座的南方。这里存在着光度会在短时间内剧烈变化的天体，拥有类似特征的天体便统称为“蝎虎座 BL 型天体”。

仙王座的 μ 星——造父四（Garnet Star），是一颗有着“石榴石星”美称的美丽星星，因英国天文学家威廉·赫歇尔（Friedrich Wilhelm Herschel）觉得它看起来像红色的石榴石而得名。

↑造父四

↑蝎虎座 BL 图

仙女座

仙女座常见于10月中旬21时许和11月中旬19时许的东北方天空中。让我们从高悬在天空中璀璨耀眼的飞马座开始找起吧！它的标志是秋季四边形东侧呈字母“A”形排列的星星。

从星座图中我们可以看到，成为星座的古埃塞俄比亚公主竟是被锁链拴住的。据说这是因为她的母亲卡西奥佩娅王后常常炫耀自己和女儿美得不可方物，惹怒了天神，才使得她被献祭给了怪物巨鲸。不难发现，救出公主的勇者——珀尔修斯的星座就在附近。

仙女座公主的腰部附近还有仙女座星系M31[1]，若观测条件良好，仅凭肉眼就能看到。有机会的话一定要拿出双筒望远镜，欣赏一下她那似云一般缥缈曼妙的身姿呀！

仙女座星系这个星星大家庭位于我们250万光年之外。而数十亿年之后，它就会与我们所在的银河系发生碰撞。在

1 也称为仙女星系或仙女座大星云。

广阔的宇宙中，星系之间的碰撞、合并、分离时有发生。

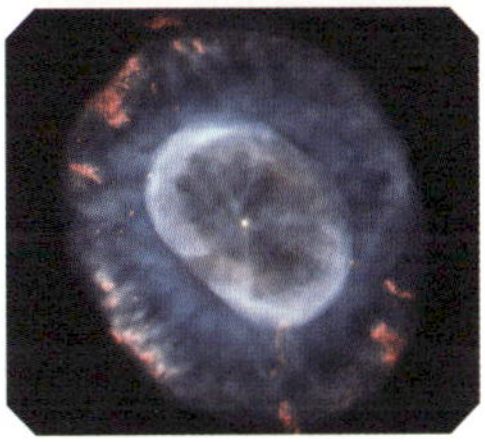

↑ M31 星云

↑位于仙女座的 NGC7662

仙女座的 α 星壁宿二的学名为“Alpheratz”，意为“马”。过去，这颗星星同时属于飞马座和仙女座。不过，如今星座的边界线已然确定，它也成了独属于仙女座的一颗星星。

激怒海神的王后

很久很久以前，埃塞俄比亚的国王克甫斯、王后卡西奥佩娅以及他们的独生女安德洛墨达幸福快乐地生活在一起。

卡西奥佩娅对自己和女儿的美貌十分自满，时常炫耀。有一次，她不小心说漏了嘴，说自己和女儿比侍奉海神波塞冬的妖精们还要美丽。波塞冬听了非常生气，遂派鲸鱼海怪蹂躏埃塞俄比亚王国。

怪物鲸鱼胡作非为，国家生灵涂炭。克甫斯大骇，请求先知降下神谕。神谕显示，只有把安德洛墨达公主当作祭品献给那头怪鲸才能得救。国王和王后心中虽万般不舍，但也不得不照做。

安德洛墨达公主被绑在海边的岩石上，面前的那头鲸鱼海怪渐渐逼近，张开血盆大口势要把公主一口吞下肚。公主吓得噤若寒蝉。这时，天空中飞来了一位脚踏飞鞋的勇者——珀尔修斯。他刚刚才杀了怪物美杜莎回来，手上还提着她的头。美杜莎能将所有看见她眼睛的人变成石头，而她的头仍具有这种魔力。珀尔修斯当机立断，猛地将美杜莎的头举到了那海怪面前。转眼，鲸鱼海怪就变成一块巨大的岩石沉入海底了。

就这样，珀尔修斯成功救下了公主安德洛墨达。此后，二人步入了婚姻的殿堂，永远幸福地生活在了一起。

乔吉姆·沃特威尔《拯救安德洛墨达的珀尔修斯》
（局部图，珀尔修斯与海怪大战）

三角座

我们可以在 10 月中旬的 21 时许和 11 月中旬的 19 时许于东方见到三角座，它是一个紧邻仙女座和英仙座的小三角形星座。

尽管三角座范围内的星星多为暗星，并不怎么显眼，但早在天文学家托勒密划定“托勒密 48 星座”时，它就已经被划分出来了，是个历史悠久的星座。

在埃及，它也被称为“尼罗河三角洲”，还有人说它是因为形似希腊字母德尔塔（⊿）才被划定为星座。

三角座中有一个旋涡星系 M33。

它和仙女座星系、银河系，以及受银河系的引力扰动结合而成的大麦哲伦云（星系）、小麦哲伦云（星系）一起，共同构成了本星系群，是银河系所属星系群中第三大的星系。

本星系群大小比较
第一名：仙女座星系（直径22万光年）
第二名：银河系（直径10万光年）
第三名：M33（直径6万光年）

↑ M33

飞马座、小马座

飞马座可以在10月中旬的22时许和11月中旬的20时许的天顶附近见到。“秋季四边形”是它的标志，让我们来一起找一找高悬在天空中的四方形星星吧！日本有些地方也会把秋季四边形、仙女座的 α 星壁宿二、β 星、γ 星和三星连线的东延长线上的星星结合起来，并称为“枡形星”[1]。常有人把飞马座的名字误叫成“Pegasas”，但实际上，它的学名是“Pegasus”。这是一匹背上长着羽毛、能够在空中自由飞翔的飞马，在勇者珀尔修斯营救仙女座公主的故事中也有登场。不过，也有人说它是天神宙斯用来搬运雷电的天马。

飞马座是人类在普通恒星周围发现的第一个系外行星（即围绕太阳以外的恒星运行的行星）。

1995年，人们发现了一颗围绕着一颗5等星——飞马座

---

1 根据地域的不同，有些地方也将秋季四边形单独称为“枡形星”。

发现飞马座 51b 的瑞士天文学家米歇尔·马约尔（Michel Mayor）和迪迪埃·奎洛兹（Didier Queloz）于 2019 年获得了诺贝尔物理学奖。

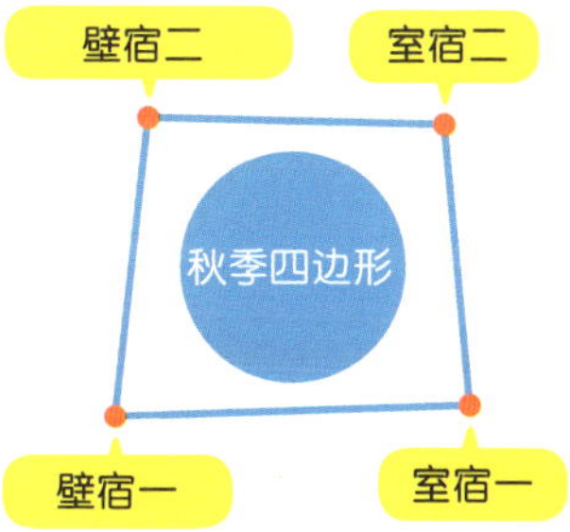

← M15 星团

↓ 飞马座 51b 的图像

51——公转的星星，并将其命名为“飞马座 51b”（b 表示母星周围被发现的第一颗行星）。

飞马座 51b 是一颗气态行星，离其母星不远，质量相当于木星的一半，被称作“热木星”。自飞马座 51b 被发现之后，人们又陆续发现了许多系外行星。

位于飞马座头部西南方不远处的暗星就是小马座，它是一个只有马头的小型星座。

M15 星团位于飞马座马头和小马座的交界处附近。它距离我们约 3 万光年，是一个又大又明亮的球状星团。

英仙座

英仙座常见于10月上旬22时许和11月上旬20时许的东北方天空中。我们在秋季四边形的东北方找到仙女座后，再往仙女座的东北方看就能找到它。

英仙座位于仙后座与金牛座的昴星团之间。就像是从鲸鱼海怪的口中救出了公主的珀尔修斯王子在守护着他的爱人一样，英仙座紧挨着仙女座闪闪发光。

英仙座中有一个被称为双星团h–χ的疏散星团。其中h指的是NGC869，χ指的是NGC884。过去人们曾误以为它是一颗恒星，所以才依照巴耶命名法为它起了这个名字。虽然我们用肉眼也能观测到它，不过用望远镜或是双筒望远镜观测的话，则可以清楚地将其分解成并排的两颗行星。

此外，英仙座中还有一颗β星大陵五较为特殊。其外文名“Algol”意为“恶魔”。实际上，它是一颗光变周期为2天

↑大陵五

↑双星团 h - χ

20 小时 49 分钟，光变范围为 2.1 ~ 3.4 星等的变星。

过去，人们认为恒星的亮度是不会改变的。或许正因如此，人们才对它亮度的变化感到毛骨悚然，给它起了“恶魔”这个名字吧。况且这颗星星还闪耀在被珀尔修斯王子提着的美杜莎头颅的眼睛附近。一想到这儿，就更令人寒毛直竖了。

大陵五的亮度之所以会发生变化，是因为它是一个由一明一暗两颗相互绕行的星星构成的双星系统。当暗星从亮星前面走过时，大陵五看起来就会很暗。而当亮星和暗星左右并排时，大陵五又会看起来很亮。像这样，由于多颗星相互掩食遮蔽而使亮度发生变化的变星被称为食变星。

↑ Mel 20

分布在英仙座 α 星天船三（Mirfak）周围的 Mel 20[1] 是由许多明亮的星星聚集而成的疏散星团，如果用双筒望远镜的话会看得更清楚。

1　此为比利时裔英国天文学家菲利伯特·雅克·梅洛特（Philbert Jacques Melotte）所编星表中的编号。

专栏

column

太阳是怎样形成的?

太阳是自身就会发光的恒星，位于太阳系的中心，地球正是依靠其能量才能孕育生命。

太阳的直径约为地球的 109 倍（约 139.2 万千米），重量（质量）约为地球的 33 万倍（1.89×10^{30} 千克）。

太阳的四分之三都是由氢元素构成的，因为氢氦核聚变反应而发光。太阳中心的温度能达到约 1600 万摄氏度，表面的温度约有 6000 摄氏度。

在太阳的表面——光球层，可以看到许多黑点。由于磁场的缘故，热量无法很好地传递，从而使得这里的温度要低于四周，因此看起来是黑色的。黑点（即太阳黑子）越多证明太阳越活跃，黑子的数量大约以 11 年为周期不断变化。

太阳的自转周期因纬度的不同而不同，赤道的自转周期为 25 天左右，靠近自转轴上下的极的地区的自转周期则为 36 天左右。

太阳上空大气层的日冕是由 100 万 ~ 300 万摄氏度的

高温气体构成的。至于为什么这里的温度如此之高，人们暂时还没有搞清楚。

太阳表面环圈上跳动的红色火焰就是日珥，发生在太阳表面的爆炸现象被称为耀斑。

太阳诞生于大约46亿年之前。虽然它还会继续发光50亿年，但作为燃料的氢元素消耗殆尽后，它会膨胀成又红又大的红巨星，最后在中心留下一颗白矮星，安静地结束它的一生。

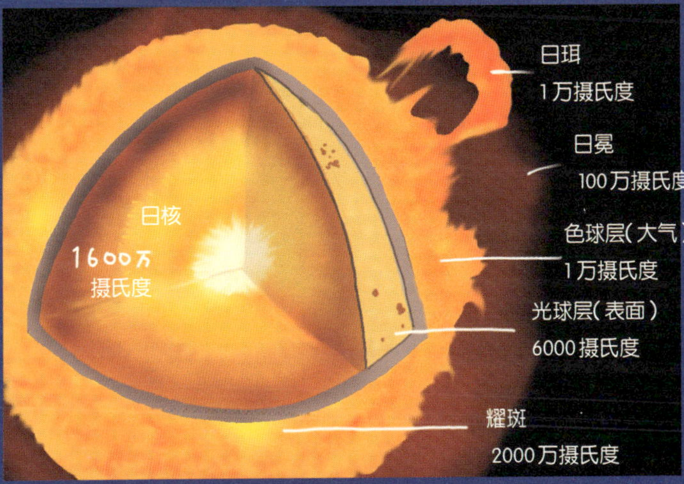

鲸鱼座

鲸鱼座会出现在10月下旬23时左右和11月下旬的南方天空中，是一个面积较大的星座。

首先找到秋季四边形，然后连接四颗星星中东侧的两颗并延长，该延长线的尽头就是鲸鱼座的β星——土司空（Diphda）。

土司空位于鲸鱼座鲸鱼的尾部，让我们从这里开始，开启探索星星、寻找大鲸鱼座身影之旅吧！

从鲸鱼座的星座图中我们可以看出，这头大鲸鱼全身布满了坚硬的鳞片，巨大的爪子前端还长着指甲。相传，这头鲸鱼怪是在想吃掉安德洛墨达公主时，被珀尔修斯王子打败，因而才变成了星座。

位于鲸鱼脖子、靠近肩膀位置的是鲸鱼座的o星刍藁增二（Mira）。

天文学家赫维留将这颗星星命名为“不可思议的星星”（Stellae Mirae）。为什么说它不可思议呢？这是因为刍藁增

↑刍藁增二

鲸鱼座的 τ 星天仓五(Tau Ceti)是一颗类日恒星。1960 年，美国开展了“奥兹玛计划”（Project Ozma），该计划试图通过向目标星体发射无线电波，获取外星人的无线电讯号，以此探索地外文明。天仓五就是最初的目标星体之一。不过很遗憾，该计划并未能发现目标无线电讯号。

↑位于鲸鱼座的 M77 星云

二是一颗平均以 332 天为周期，亮度会从 2.0 ~ 10.1 星等不断变化的变星。它亮的时候，我们就算在灯火辉煌的市中心也能看到它；它暗的时候，就算我们身处视野开阔、银河明亮的暗处也找不到它。

实际上，刍藁增二这颗恒星已经一把年纪了，它不断重复着收缩和膨胀的过程，使得亮度也不断发生变化。它与仙王座 δ 星齐名，是一颗具有代表性的脉动变星：星体膨胀时变暗，收缩时则变亮。它也是一颗红巨星，星体膨胀时，直径最大可达太阳直径的 500 倍。

摩羯座、双鱼座

摩羯座常见于9月中旬21时许和10月中旬19时许的南方天空中。我们可以先从夏季大三角开始找起：把天琴座的织女星和天鹰座的牛郎星连接起来后再向下延伸，呈倒三角形状排列的星星就是摩羯座。它看起来既像笑着咧开的嘴，又像三角内裤，是吧？

摩羯座是生日星座之一，自古以来就被人们所熟知。它的原型为上半身是山羊，下半身是鱼的畜牧之神潘。

双鱼座会出现在10月中旬22时许和

11月中旬20时许的东南方天空中。它位于水瓶座的东边，将秋季四边形东南方向的星星（飞马座 γ 星壁宿一）包围其中。星座内多为暗星，为此，请到能见度高的地方去找它吧！

↑ M74

双鱼座看起来就像两条被丝带绑在一起的鱼。据说，这是希腊神话中的爱与美之神阿芙洛狄忒和她的孩子厄洛斯的化身。

双鱼座内的旋涡星系M74距我们约3190万光年，相对来说还是比较近的。

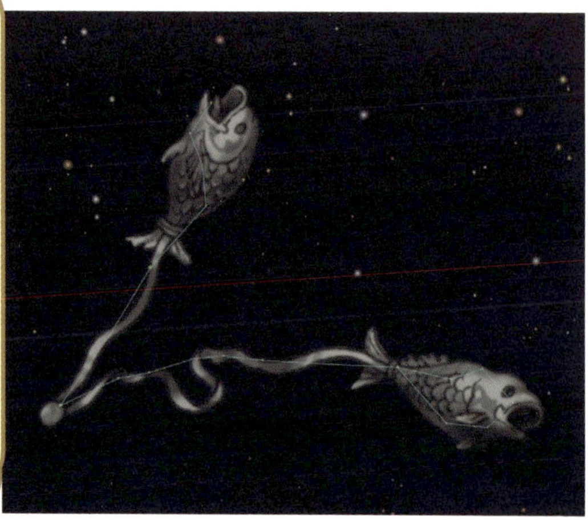

半身化身为鱼的牧神

畜牧之神潘住在森林里，生性十分开朗活泼，有着人一样的上半身和头颅，但头上长着两只山羊角，蓄着长长的胡须，下半身也是山羊的样子。

一次，奥林匹斯山的众神聚集在尼罗河边上举行宴会。宴会上，潘出尽了风头，没想到却遭到了怪物堤丰的袭击。

堤丰肩扛 100 个龙头，下半身如蜷缩的巨蟒，眼睛和嘴巴还能喷出火焰，十分可怖。众神见状，纷纷落荒而逃。潘却被面前的尼罗河拦住了去路，为逃命，他只得变身为鱼。

不过，性格本就冒冒失失的潘因为过于惊慌，只将水里的下半身变成了鱼，上半身却变成了山羊。

他虽说好歹从堤丰手下捡回了一条命，可变身失败的怪样子也被其他的神看到了。众神觉得十分有趣，嚷着要让大家也都见识一下他滑稽的样子，硬是把他升上了天空，成了摩羯座。

花开两朵，各表一枝。爱与美之神阿芙洛狄忒和她的孩子厄洛斯也参加了这次宴会。

当堤丰向他们猛扑过来时，二人变成鱼跳进了河里。与潘不同，阿芙洛狄忒母子成功变身为鱼逃过了一劫。入水前，阿芙洛狄忒还用丝带将自己和孩子的尾巴绑在了一起，以防两人走散。

据说，目睹这一幕的天神宙斯，被母亲为孩子着想的这份心打动，将他们变成了星座。

古希腊壶壁上描绘的堤丰

水瓶座、南鱼座

水瓶座可以在9月中旬22时许和10月中旬20时许的南方天空中见到。

水瓶座里没有什么亮星，它就在南鱼座1等星北落师门的上方、摩羯座的东边。星座图上，水瓶的位置有星星呈三叉星形排列，就像奔驰车的商标一样[1]。

化身为水瓶座的就是特洛伊王国的王子，美少年盖尼米德。相传，天神宙斯看中了盖尼米德，觉得他机敏俊美，便化作雄鹰将其带去奥林匹斯山，让他在那里为自己斟酒。

水瓶座中很多星星的外文名都带有“幸福”的含义。比如，意为“国王的幸福”的 α 星危宿一（Sadalmelik）、意为“幸福中的幸福”的 β 星虚宿一（Sadalsuud）、意为“隐秘的幸福”的 γ 星坟墓二（Sadachbia）以及意为“饮者的幸福”的 ε 星

1　原文中的“三ツ矢”是日本的饮料牌子。译文中将其替换成了中国常见的标志。

女宿一（Albali），等等。

唯一的 1 等星

在南方的地平线上，形似一条正翻着肚皮大口痛饮着水（或者是酒）的鱼的星座就是南鱼座。它常见于9月中旬23时许、10月中旬21时许的南方低空中。

南鱼座的显著标志就是北落师门星。这颗星星的英文专名“Fomalhaut”意为“鱼嘴”，因为它是秋季星空中唯一的一颗1等星，所以也被称作“南方第一星”或者“秋季第一星”。

尽管名字里都有“鱼”字，双鱼座有其自身的神话故事，但南鱼座没有。

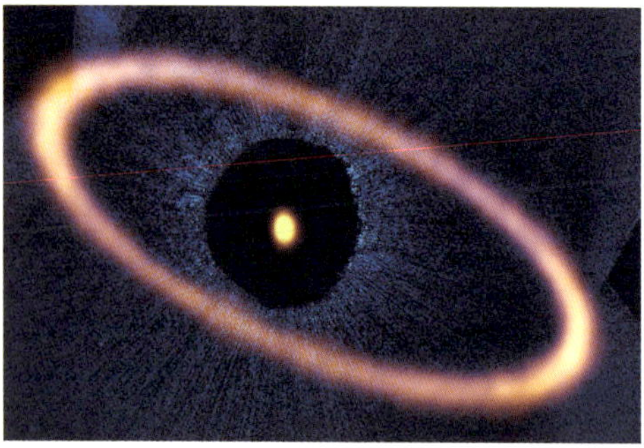

← 北落师门和它周围的圆环状尘埃云

↑ NGC7009

位于水瓶座的 NGC7009，又名土星状星云，是威廉·赫歇尔在 1782 年发现的天体。19 世纪 40 年代，威廉·帕森斯（William Parsons）根据它的形状给它起了“土星状星云”这个名字。

白羊座

白羊座会出现在10月中旬22时许和11月中旬20时许的东方天空中。先从秋季四边形找到仙女座，再往东南方走，会看到一个扭曲的三角形。这就是白羊座的羊头。位于羊角上的星星就是2等星娄宿三（Hamal），也是白羊座的α星。

“Hamal”意为“羊头”，据说古巴比伦人就曾把星星称为“天上的羊”。

尽管白羊座内少有亮星，看上去并不显眼，但是因为星座划定之初，春分点就位于白羊座境内，所以人们一直以来都将其视作一个重要的星座（受地球岁差运动的影响，春分点现已由白羊座移动到了双鱼座）。所谓的春分点就是黄道和天赤道的交点。过去的历法就始于春分点，故其在天文学上也是一个非常重要的位置。

顺带一提，我们如今历法中的2月只有短短28天，每4年还有一个闰年等现象，都是因为当时人们将2月视作一年的

←位于白羊座的 NGC976

末尾，3 月才是一年的开始。天文观测结果显示，地球绕太阳公转的周期并不是正好 365 天，而是比 365 天大约长 1/4 天（365.2422 天）。为了修正这一点，人们每过 4 年，都会把一年调整为 366 天，即闰年。

过去白羊座的北边还有北蝇座、百合花座等星座，但是现在已经不再使用了。

故事

S t o r y

帮助王子兄妹脱险的金色公羊

从前，在一个叫德萨利亚的王国里，住着阿萨玛斯国王和他的一双儿女，其中男孩名叫普里克索斯，女孩名叫赫勒。他们的母亲涅珀莱女神则离开了阿萨玛斯国王。

不久，阿萨玛斯国王又迎娶了一位新王后，名为伊诺。很快，伊诺就对国王和前王后所生的两个孩子产生了嫉妒之心，视普里克索斯和赫勒为眼中钉、肉中刺。为了赶走他俩，她瞒着农民们，在他们准备播种的种子上做了手脚。

农民们发现无论播下多少种子，都没有一颗发芽，决定去城里跟国王阿萨玛斯商量一下对策。伊诺王后便趁机散布谣言，说："种子无法发芽是因为国家受到了诅咒。只有将普里克索斯和赫勒献祭，才能解开诅咒。"

阿萨玛斯虽心有不舍，但为了守护国家，只好哭着同意了献祭二人的要求。可怜的普里克索斯和赫勒就这样被当作祭品，扔在了高山上。

得知此事的涅珀莱知道这是伊诺搞的鬼，十分愤怒。于是派出了一头金色公羊去救两个孩子。

这羊浑身金黄，还能在天上飞。它势如疾风地在天空中

飞着，发现高山上的二人后，驮起二人又腾空而起。然而，由于飞得实在太快，途中赫勒不小心从羊背上掉下，落入海中死了。

失去了赫勒的普里克索斯悲痛欲绝，很久之后，才在科尔基斯结了婚，从此过上了幸福的生活。而另一边，那只金羊也受到众神的称赞，其金毛也被供奉在祭坛上，成了国家的宝物。

顺便一提，赫勒从羊背上坠落下去的海域，就是现在土耳其的达达尼尔海峡。也正因如此，在古代这个海峡也被称作“赫勒海峡”（Hellespont）。

专栏

column

“日食”和“月食”是什么？

尽管月亮和太阳本身大小完全不同，但在地球上的我们看来，二者的大小（表面直径）差不多。正是因为这个奇迹般的巧合，我们才能在地球上看到美妙的天文现象。

日食常发生在新月时，指宇宙中太阳、月亮、地球恰好按顺序处于一条直线上时，月亮把太阳遮住了的现象。虽说日食常发生在新月时，但新月时未必会发生日食。这是因为地球的公转轨道和月球的公转轨道之间存在大约5度的倾角，太阳、月亮、地球正好处在一条直线上的情况并不常见。

日食分为三种，分别是只有一部分太阳被遮住的日偏食、只留下圆环状太阳边缘的日环食[1]以及全部太阳都被遮住的日全食。由于月球的绕地公转轨道是椭圆形的，所以当它离地球较远时，看起来较小，没办法将太阳整个遮住。这时产生的日食就是日环食。反之，当它离地球较近时，看起来较大，能将太阳全部遮住，这时产生的日食就是日全食。

---

1 也称“金边日食”。

我们还能在日全食的时候看到平时隐匿在耀眼的太阳光下的日冕哦。日全食发生前后，我们还能看到一种名为“钻石环”（太阳露出的光芒就像戒指上的一颗闪耀的钻石的现象）的美妙的天文现象。

需要注意的是，直接用望远镜看太阳是非常危险的哟。观测时请在专家的指导下安全进行。要想用肉眼观看的话，也请佩戴日食专用眼镜哦！

而月食发生时，三颗天体则按日、地、月的顺序排列，此时，地球的影子会把月球遮住，从而形成月食。也正因为这种位置关系，月食一定发生在满月的时候。

月食可分为月偏食和月全食，月全食的时候月亮会被染成神秘的

偏食

全食

环食

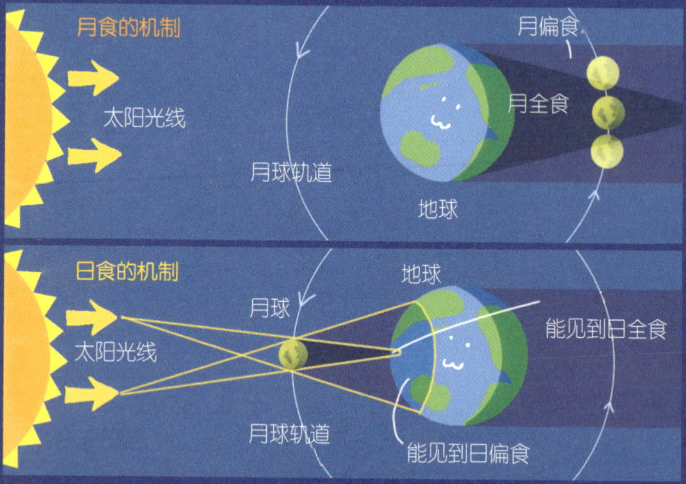

红铜色。

月全食时的月亮之所以呈现红铜色，是因为受到了太阳光的影响。太阳发出的光在通过地球周围的大气时，其中波长较短的蓝光会被散射掉，而波长较长的红光则会因为难以散射，而在大气中被折射成为地球的影子。这红光照射到月亮上，使得月亮呈现出红铜色。

今后的日食一览

2025 年 9 月 22 日	日偏食（部分日食）	南极、新西兰等
2026 年 2 月 17 日	全环食（中心食）	南极
2026 年 8 月 13 日	日全食（中心食）	北极附近、欧洲西部等
2027 年 2 月 7 日	日环食（中心食）	南太平洋、南美、南大西洋等
2027 年 8 月 2 日	日全食（中心食）	非洲北部、印度洋等
2028 年 1 月 27 日	日环食（中心食）	南美北部、大西洋等
2028 年 7 月 22 日	日全食（中心食）	印度洋、澳大利亚、新西兰等
2029 年 1 月 15 日	日偏食（部分日食）	北美等
2029 年 6 月 12 日	日偏食（部分日食）	北极附近、欧洲北部等
2029 年 7 月 12 日	日偏食（部分日食）	北美等
2029 年 12 月 6 日	日偏食（部分日食）	南极等
2030 年 6 月 1 日	日环食（中心食）	日本、欧亚大陆北部等
2030 年 11 月 25 日	日全食（中心食）	非洲南部、南印度洋、澳大利亚等
2035 年 9 月 2 日	日全食（中心食）	日本、中国等

※ 所示地域为大致位置。
“日全食、日环食、全环食”标注的是可以观测到中心食（全食或者环食）的区域。“部分日食”标注的是可以观测到日食现象的全部区域。
数据来源：日本国立天文台

今后的月食一览

2025 年 9 月 8 日	月全食
2026 年 3 月 3 日	月全食
2026 年 8 月 28 日	月偏食
2028 年 1 月 12 日	月偏食
2028 年 7 月 7 日	月偏食
2029 年 1 月 1 日	月全食
2029 年 6 月 26 日	月全食
2029 年 12 月 21 日	月全食
2030 年 6 月 16 日	月偏食

※ 数据来源：日本国立天文台

冬季星空看点

那高悬在凛凛寒冬夜空中的星星，常常让我心驰神往。

或许是因为人无法在天寒地冻的冬天长时间仰望星空，所以冬季星空中才会有许多容易发现的亮星吧。也正因如此，没准冬季才是开始探索星座世界的最佳时机。这时，天空中挂满了“冬季大三角”和“冬季大钻石”等明亮的星星。

探索冬季星空的关键在于将各星座集中记忆，而不是将它们看作一个个孤立的个体。

首先利用三颗排列整齐的星星找到猎户座。猎户座是星座界最受欢迎的星座，即使身处灯火辉煌的城市也能在天空中找到它。这三颗排列有序的星星就位于一个长方形的中央，非常引人注目。

然后再利用猎户座的这三颗星星来寻找其他星座。

将这三颗星星的连线向下延长，就能找到大犬座的天狼星。在构成星座的所有星星当中，天狼星是最亮的那颗。

接着，请找到一颗能与猎户座的参宿四和大犬座的天狼星构成三角形的亮星，它就是东边小犬座的南河三（Procyon）。连接参宿四、天狼星和南河三所构成的三角形就是“冬季大三角”。

然后，我们再将刚刚所说的三星连线向上延长，就会发现一颗1等星，即金牛座的毕宿五。接着，再从金牛座牛角附近的星星出发围出一个五边形，就能找到御夫座。御夫座的1等星五车二非常明亮，很容易就能找到哟。

冬季大三角上方闪耀着的两颗星星就是双子座的北河二和北河三。其中，北河二是颗2等星，而北河三则是颗1等星。

↑位于船底座的 NGC3603

由猎户座的参宿七、大犬座的天狼星、小犬座的南河三、双子座的北河三、御夫座的五车二和金牛座的毕宿五所结成的六边形就是所谓的“冬季大钻石”。请一定要找找看这颗硕大无比的冬季钻石呀。

此外，冬季星空中还有许多诸如猎户座大星云 M42、金牛座的毕星团（Hyades）和昴星团等值得一看的天体，请务必也找找看哦。若能用双筒望远镜观测的话，就更能体会到它们的魅力啦。

1 月中旬 22 时许的东京天空

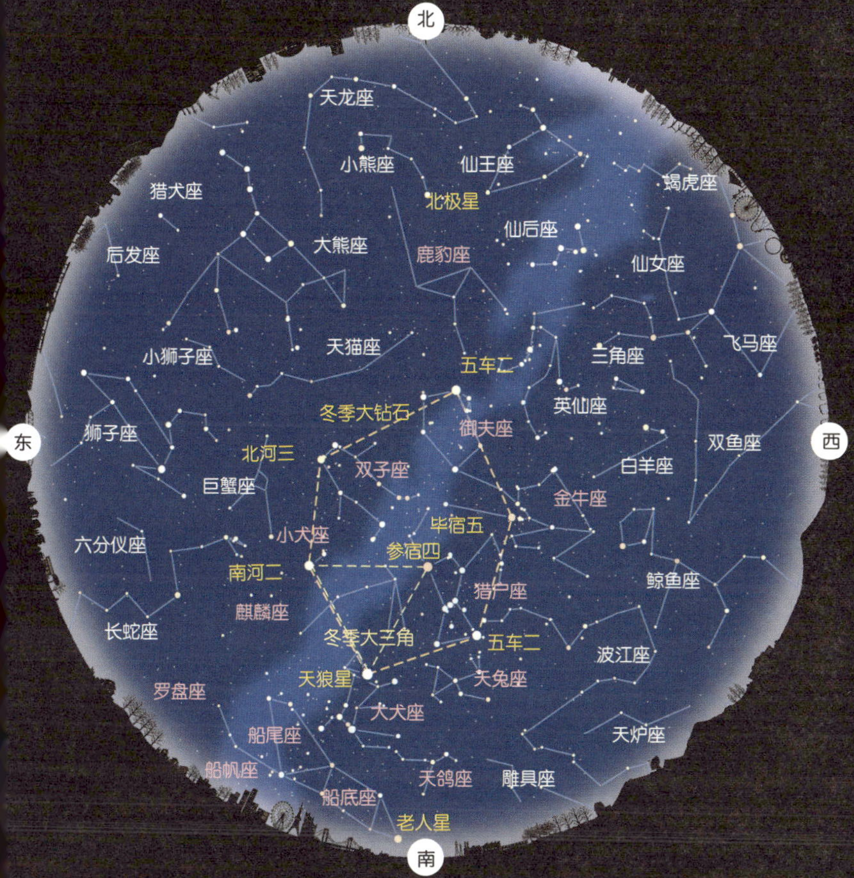

猎户座

猎户座是星座界的超级巨星，常见于 12 月下旬 23 时许和 2 月下旬 19 时许的南方天空中。

猎户座的标志有三，一是三颗排列整齐的星星，也被称为猎户座的腰带；二是闪耀在猎人肩膀位置的参宿四；三是位于猎人左脚处的参宿七。因为猎户座内的星星都非常显眼，所以在日本也被亲切地称为“鼓星”或“蝶星”。

猎户座的原型是希腊神话中的一名猎人，传说他能猎到这世上的一切动物。然而，他的狂妄自大惹怒了天上的神灵。于是，神派出了一只毒蝎子以示惩戒。猎人被蝎子蜇死后成了天空中的一个星座。今时不同往日，当天蝎座从东方升起时，曾经神气的猎户座为了躲避它，便会落向西方。

猎户座腰带的下方还有三颗被排成一条竖线的星星，它们也被称为“猎户之剑”。猎户座大星云 M42 就位于这个“猎户之剑”的中央。

猎户座大星云是恒星的孕育场，众多恒星都诞生于此。如今这里仍有一个年轻的星团“猎户四边形星团”（Trapezium）诞生，并在持续照亮着其周围的气体。

此外，猎户座腰带三星的东边角落里还有一个名为马头星云的暗星云。如您所见，猎户座是一个很有看点的星座。

在很长一段时间里，人们都说参宿四无论何时爆炸，都不足为奇。然而，近年来的研究表明，它距离爆炸还遥遥无期。大约10万年后它才有可能发生超新星爆炸，不用太过担心啦。

↑马头星云

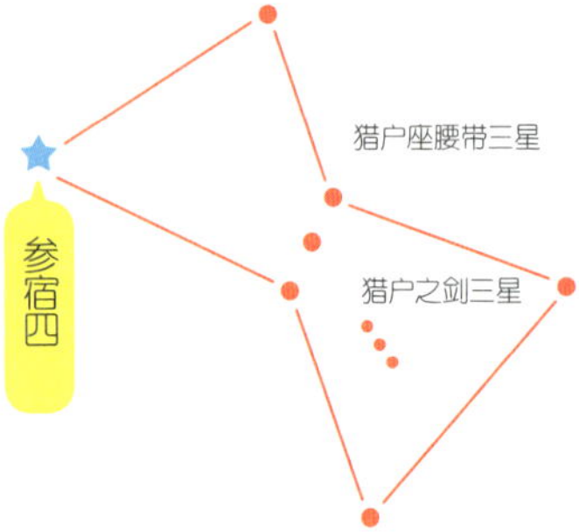

←猎户座的腰带三星从东边（左）开始，分别是参宿一（Alnitak）、参宿二（Alnilam）和参宿三（Mintaka）。从东方升起时，三颗星呈垂直排列，从西方落下时，三颗星呈水平排列。

↑参宿四

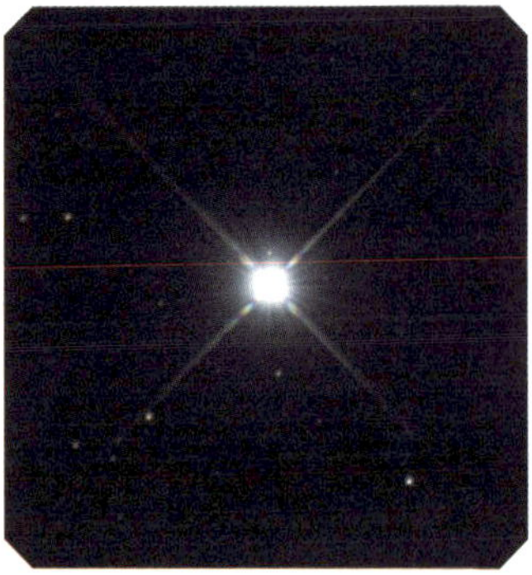

↑参宿七

↑ M42 猎户座大星云

金牛座

金牛座常见于12月中旬23时许和2月中旬19时许的南方天空中。连接猎户座的腰带三星并向右上方延长后会发现一颗1等星：毕宿五，这就是金牛座公牛的右眼。再从毕宿五画一个字母“V”，就能找到毕星团。毕星团就在金牛座公牛的面部。

毕宿五再往上就是昴星团M45。毕宿五的学名是“Aldebaran”，意为“跟随者”，因其在昴星团之后升起而得名。仅凭肉眼就可以看到六七颗昴星团的星星，使用双筒望远镜等工具的话则可以看到几十颗。

昴星团在日本也被叫作“すばる”（Subaru）或“すまる”（Sumaru），意为星星聚集在一处。在日本，昴星团自古以来都被视为农业和渔业的时令标志。冲绳地区更是亲切地将其称为“むりかぶし（群星，Murikabushi）”。

日本平安时代清少纳言的《枕草子》中就写有这样的诗句：

不同地区对昴星团的称呼也不同。比如，日本一些地区将其称为“六连星”“六地藏”“相谈星”或“羽子板星”等等。另外，在日本毕星团也被称为“钓钟星”。

“天上星、昴星团。还有牛郎和金星……”意思是，天上所有的星星中最美丽的就是昴星团，其次是牛郎星（位于天鹰座），然后是金星。

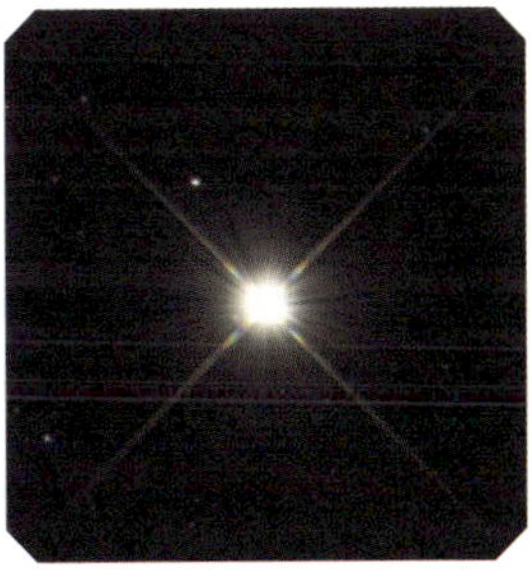

↑毕宿五

↑昴星团

←说起来或许有些复杂，金牛座内还有一个蟹状星云，因其外观形似螃蟹而得名。是 1054 年爆发的超新星所遗留下来的残骸。

化身为白色公牛的宙斯

一天，天神宙斯正俯瞰巡视大地，忽然看到了一位美丽的姑娘。那姑娘名为欧罗巴，是腓尼基国王的女儿，有沉鱼落雁之姿。宙斯对她一见钟情，无论如何也想和她见面。为此，宙斯不惜以纯白公牛之姿降临人间。

当这头健美的公牛突然出现在欧罗巴眼前时，她十分惊讶。然而，公牛那温柔的目光惹得她春心萌动、芳心暗许。

公牛摆好架势，好像想要让欧罗巴骑到自己背上似的。欧罗巴刚一骑上去，这头公牛就飞奔而出。

它驮着欧罗巴进入了海里。最后，一人一牛渡海来到了克里特岛。在岛上，公牛摇身一变，恢复成了宙斯的模样。

对此，欧罗巴惊诧不已。宙斯忙不迭地向她道歉，又向她求婚。后来，他们就在那里结了婚，过上了幸福的生活。二人漂洋过海所到的那片土地也就被以欧罗巴的名字命名为“欧罗巴”（即欧洲）。

御夫座

我们可以在 1 月中旬 22 时许和 2 月中旬 20 时许的天顶附近看到御夫座。

从位于金牛座牛角处的星星五车五（Elnath）出发，围出一个五边形，就能找到御夫座。御夫座内的五车二的星等为 0.1 等，是一颗非常明亮显眼的 1 等星。

五车二附近有一个形似小三角形的星群，名为“羊羔星”，就是星座图中的御夫怀离抱着的那只山羊。古人相信山羊会带来好运，而五车二的学名“Capella”的本意就是“小牝山羊”。

此外，请务必也留意一下包含五车二的冬季大钻石。冬季大钻石是一个由五车二、金牛座的毕宿五、猎户座的参宿七、大犬座的天狼星、小犬座的南河三和双子座的北河三所结成的大六边形。

所谓“御夫”指的就是驾驶马车的人。据说御夫座的原型就是雅典的第三任国王埃里克托尼奥斯。他深受人民爱戴，

↑五车二

又善于发明创造。据说，他为了弥补自己腿脚不便的缺陷，发明了四套马的马车，后来马车在战争中派上了极大的用场。

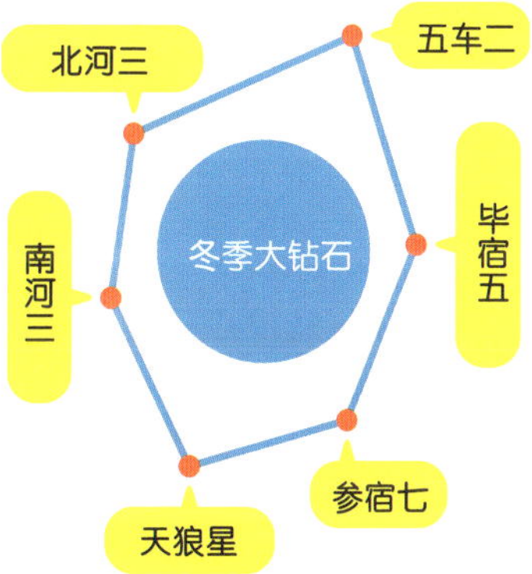

五车二也被称为“彩虹星”。这是因为初冬时节，它出现在地平线附近时，受气流影响，颜色会变成粉红色或紫色。

鹿豹座、天鸽座

鹿豹座[1]常见于1月中旬22时许和2月中旬20时许的北方天空中。它介于北极星和五车二之间，几乎全年可见，但境内并无亮星。

该星座由荷兰天文学家彼得勒斯·普朗修斯（Petrus Plancius）于1612年划定。由于当时拉丁语中长颈鹿（camelopardalis）一词与骆驼（camelus）一词相近，所以有时它也会被误以为是骆驼星座。

我们可以在1月中旬的22时许和2月中旬的20时许看到天鸽座低悬于南方天空之中，它的位置比猎户座下方的天兔座还要低。

据说该星座的原型是《圣经·旧约》中《诺亚方舟》部

1　鹿豹座的拉丁文名称是“Camelopardalis”，意思是“长颈鹿”。由于看上去长颈鹿身上有类似于豹子身上的斑点，它的头和蹄子与鹿相似，因此我国早期将“Camelopardalis”翻译为“鹿豹”。

↑ μ 星

天鸽座 μ 星是一颗从猎户座大星云中逃离的速逃星（runaway star），其速度约为200km/s。

→ 西蒙 · 德 · 米尔《抵达亚拉拉特山的诺亚方舟》

分出现的鸽子。

《圣经》中记载上帝因人类的堕落而感到愤怒，决心用洪水毁灭地球上的一切。但同时他也决定，放过安分守己的好人诺亚一家。

他命令诺亚建造一艘方舟，并让他将他的家人和所有种类的动物都带上方舟，而且带上船的动物必须是一雌一雄。诺亚建造好了方舟，并据此躲过大洪水。洪水开始退去的40天后，为确认大地上的洪水是否已经全部消退，他放出了一只乌鸦。然而，乌鸦很快就回来了。7天后，他又放出了一只鸽子。很快，这只鸽子就叼着一小段橄榄枝回来了，说明大洪水已经过去了。

双子座

我们可以在 1 月中旬 23 时许和 2 月中旬 21 时许的天顶附近看到双子座的身影，其标志就是两颗并排在冬季大三角上方的亮星。

这两颗星星中西边的是北河二，代表的是双子座中的哥哥卡斯托，而东边的则是北河三，代表弟弟波拉克斯。仔细观察可以发现，二者的亮度并不相同。北河三是一颗视星等为 1.1 等的 1 等星，而北河二是一颗视星等只有 1.6 等的 2 等星。也就是说，弟弟星要比哥哥星更亮。在这对兄弟中，弟弟似乎是更显眼的那一个。

北河二和北河三在日本也被分别称为银星和金星。观察它们时，请一定要比比看它们的亮度和颜色哟。此外，由于两颗星并排而立，日本人也称它们为“双星”或“眼镜星”。而且，它们还因出现在 3 月 3 日[1] 前后而得名“女儿节星”。

1　这个日子是日本的女儿节。

虽然肉眼看去北河二是一颗单星，但实际上它是一颗六合星。身为双胞胎之一的北河二却包含六个孩子，很有意思吧。

每年 12 月 13 ～ 15 日前后是双子座流星雨的极大期。双子座流星雨的辐射点位于双子座附近，是年末时节流量较大的流星雨。不过，不同于一般母体为彗星的流星雨，双子座流星雨的母体是一颗名为“法厄同”（Phaethon）的小行星。

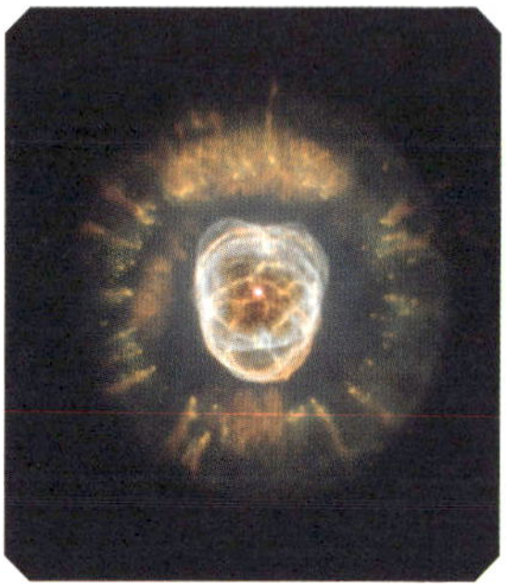

↑ 双子座境内的 NGC2392，也被称为小丑脸星云。

双胞胎间美好的兄弟情

卡斯托和波拉克斯是天神宙斯和斯巴达王后勒达所生的一对双胞胎兄弟。哥哥卡斯托继承了人族的血脉，而弟弟波拉克斯却继承了神族的血脉。因此，弟弟波拉克斯拥有了不死之身。

二人十分要好，长大后，还一起乘坐“阿尔戈”号船出门冒险。

“阿尔戈”号上还有他们的两个表亲——伊达斯和林克斯。他们也是一对双胞胎。两对双胞胎齐心协力，克服了重重困难。

然而，有一天，四人却因为如何分配一头捕获的牛而大吵了一架。由此，四人的关系也变得越来越糟。

后来，卡斯托和波拉克斯一起举办了集体婚礼。虽说伊达斯和林克斯也都应邀参加了婚礼，但在婚礼上，四人又起了争执，伊达斯竟杀死了卡斯托。

眼看着亲爱的哥哥死去，波拉克斯悲痛欲绝，伤心得想随哥哥一起死去，却因为他那不死之身而不能如愿。没办法，波拉克斯只得向天神宙斯求助。

“我愿奉上我的生命！祈求您能让我与卡斯托在一起！”那满含悲伤的祈愿飘到了宙斯的耳朵里。宙斯听罢，十分感动，将他们一同升入天空，变成了星星。就这样，这对成了星座的双胞胎直到今天，还一起快乐地生活在星星的世界里呢。

大犬座

大犬座常见于每年1月初23时许和2月初21时许的南方天空。

连接猎户座的腰带三星再向下延长，就能找到闪闪发光的大犬座天狼星。

天狼星是全天88个星座中最亮的一颗星，其学名“Sirius”意为“灼烧”。过去的人们看到天狼星时，会不会觉得它亮得甚至能点燃夜空呢?

公元前3000年左右的古埃及历法将天狼星先于太阳从东方升起的那一天定为一年之开始，如今我们使用的根据太阳的运行规律而制定的太阳历就源于刚刚提到的“天狼星历法”。

天狼星在日出前升起的现象被称为“偕日升”（Heliacal rising）。其出现预示着尼罗河即将泛滥。由猎户座的参宿四、大犬座的天狼星和小犬座南河三所构成的三角形就是冬季大三角，夜空中的大犬座和小犬座看起来就像是追随猎人的猎犬。

← 天狼星位于地球 8.6 光年之外，亮度为 -1.5 等。因此，大家现在所看到的星光都是天狼星 8.6 年前就已经发出的光。当下夜空中所有星星的样子，其实都是它们过去时的样子。

在中国，天狼星从未改换过名号。而在日本，它也被称为“大星”或“青星”。

小犬座

小犬座常见于1月下旬23时许和2月下旬21时许的南方天空中。看到连接猎户座的参宿四和大犬座的天狼星，再向东寻找一颗亮星以构成一个三角形，就会发现小犬座的1等星南河三。

南河三的英文名“Procyon”意为“在犬的前面”，因古人将其视为寻找天狼星的标志而得名，因为它要稍早于天狼星升起。与天狼星一样，它也闪耀着白色的光芒，因此日本人也将它称为“色白”。

一般认为，小犬座的原型是猎鹿名家阿克特翁的猎犬。

一天，月亮女神阿耳忒弥斯和侍奉她的仙女正在林中沐浴，阿克特翁突然闯了进来。阿耳忒弥斯怒不可遏，把阿克特翁变成了一只鹿。

阿克特翁的猎狗围捕并咬死了他，丝毫没有意识到那只鹿就是自己的主人。传说，阿克特翁宠爱的小狗并不知道主人已死，至今还在苦苦等待着一直没能回来的主人。

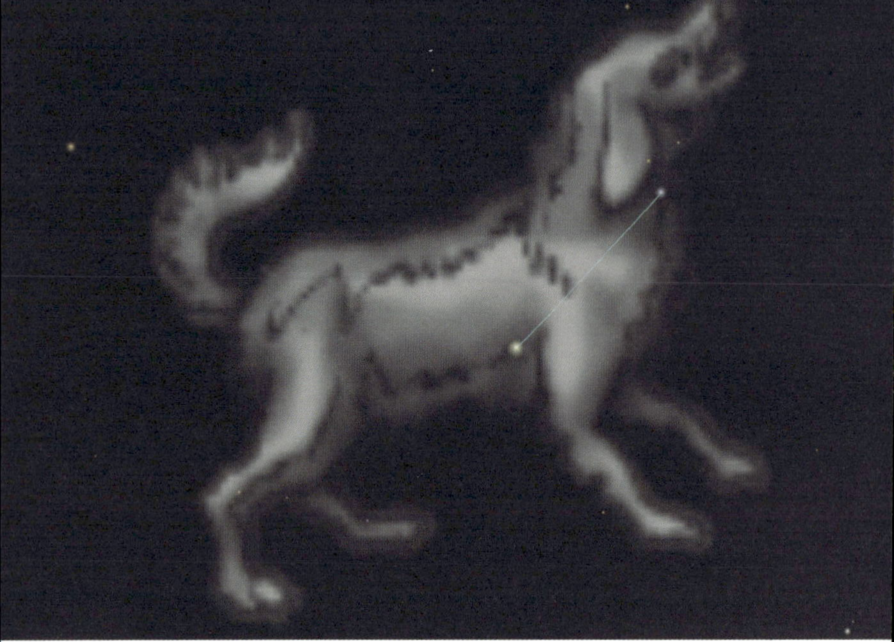

↑提香·韦切利奥《戴安娜与阿克特翁》

小犬座β星南河二是一颗3等星，其英文专名“Gomeisa”意为“朦胧的泪眼”。它就好像阿克特翁的小狗正眼含热泪等待主人归来一样。

麒麟座、天兔座

麒麟座[1]常见于1月中旬23时许和2月中旬21时许的南方天空中。它位于由猎户座的参宿四、大犬座的天狼星、小犬座的南河三构成的冬季大三角的中央。

麒麟座内少有亮星。要想把星座内的星星和独角兽的外形联系起来，需要非常丰富的想象力。独角兽是一种虚构的动物，因其头上长有一根角而得名。也正是因为

1　麒麟座的拉丁文是“Monoceros”，意为“独角兽或犀牛”。我国天文学家将其翻译为“麒麟”。

其为虚构，我们并不能在现实生活中找到它的身影。

1月中旬22时许和2月中旬的20时许的猎户座脚下会出现一只兔子。它竖着大大的耳朵，十分可爱。星座内排列的星星确实能让我们想象出一只兔子，不过这只兔子似乎正被野蛮的猎人踩在脚下。或许正是看到猎人这副霸道的样子，天神才会派一只蝎子来惩罚他吧。

因为在望远镜中看到的天兔座R星是深红色的，所以它也被称为“深红色之星”（Crimson Star）。它也是一颗变星，其亮度变化周期大约为430天，变化范围为5.5 ~ 12星等。

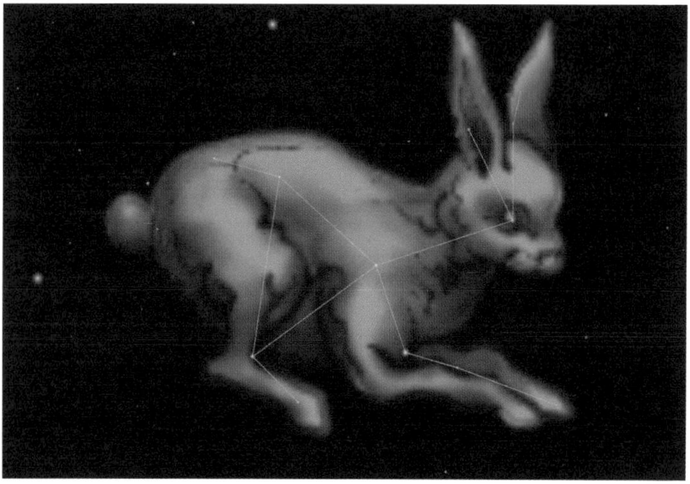

↑ NGC2237

麒麟座内的 NGC2237，别名玫瑰星云，是一个弥漫星云。虽然我们无法用肉眼直接看到它，但照片中的它看起来就好似一朵红玫瑰。

南船座（船尾座、船帆座、罗盘座、船底座）

公元2世纪，克罗狄斯·托勒密出版了一本名为《天文学大成》的天文学著作，书中详细汇总了当时存在的全部星座。这些星座也被称为“托勒密48星座”。近2000年的时间里，人们都在使用这48个星座，使得《天文学大成》成了有史以来最为畅销的星座书。

48星座中的大多数至今仍然存在，唯一发生变化的就是南船座。南船座的名字“阿尔戈”来源于希腊神话中的一艘船。双子座的卡斯托和波拉克斯兄弟以及天琴座的俄耳甫斯等在神话中登场的明星人物就曾乘坐它外出冒险。

1928年，国际天文学联合会在划定世界通用星座时，对南船座进行了拆分，变成了四个星座，即船尾座、船帆座、罗盘座、船底座。所谓船底就是船底部的龙骨框架。

我们可以在2月中旬22时许和3月中旬20时许的南方低

船底座 η 星的质量是太阳的 100 多倍。1840 年其迅速变亮，亮度一度达到 - 0.8 星等。现在其亮度已经减弱到 6 星等左右了。它的外围包裹着一个巨大的弥漫星云。

空中看到罗盘座、船尾座和船帆座的身影。

而船底座则闪耀在 1 月初 23 时许和 2 月初 21 时许的南方低空中。由于四个星座都靠近地平线，所以，若想看到整艘“阿尔戈”号船，建议您尽量往南走。船底座的 α 星老人星是全天仅次于天狼星的第二亮星。中国也称它“南极老人星”或“寿星”，认为谁要能看它一眼，就能长命百岁。

专栏

c o l u m n

试着用用天文望远镜吧!

对星星产生兴趣之后，想必您会想要一个望远镜。

不过，在正式购入天文望远镜之前，我建议您先买一副双筒望远镜。它不仅方便携带，还能清楚地观测到各类天体。比如，月亮的月相、昴星团等星团，猎户座大星云等大型星云，等等。

等待时机成熟，心里觉得“是时候买一个天文望远镜了”，我们再来认真思考一下“自己会在哪里使用它”“用天文望远镜要来观测什么”这两个问题。

天文望远镜有两种：折射望远镜和反射望远镜，前者使用透镜汇聚光线，后者使用面镜聚集光线。折射望远镜相对容易操作，但也更昂贵。

天文望远镜性能的好坏由透镜（面镜）决定。口径（镜片直径）越大，能汇聚的光就越多，能观测到的天体细节也就越多。若透镜本身精度条件良好，您甚至还能清楚地看到天体的边缘。

假设您的观测地主要是在家里，那买口径较大的望远

月球

月球是最容易看到的天体，因此非常适合新手进行初次观测。用 50 倍的望远镜就能看到月球的全貌。

口径＼倍率	30 ~ 70 倍（低倍率）	70 ~ 140 倍（中等倍率）
≤ 60mm	可见整个月球表面	可见大量环形山和月海整体外观
80mm	月球表面清晰可见	环形山的状态及山体褶皱清晰可见
100mm	同上	可见小环形山
≥ 150mm	同上	可见小环形山的细节

土星

用倍率在 100 倍左右的望远镜就能清楚地看到土星星环。若想看更多细节，请使用更高倍率的望远镜。

口径＼倍率	30 ~ 70 倍（低倍率）	70 ~ 140 倍（中等倍率）
≤ 60mm	可见缩小的天体全貌	较易观测到星环和土卫六（Titan）
80mm	用望远镜观测土星时的主要选择	可见星体的条纹、星环颜色的深浅和卡西尼缝
100mm	同上	同上，可见两颗卫星
≥ 150mm	同上	同上，可见五颗卫星

木星

倍率在 80 倍左右的望远镜就能看到数条木星上的条纹。由于木星本身就很明亮，所以在使用大口径望远镜时，选择 300 倍左右的高倍率镜片才能进行观测。

口径＼倍率	30 ~ 70 倍（低倍率）	70 ~ 140 倍（中等倍率）
≤ 60mm	适合观测其四颗卫星的位置	较易观测到卫星的条纹（两条或三条）
80mm	同上	可见星体条纹部的大致结构
100mm	同上	可见星体条纹部结构的细节
≥ 150mm	光线太亮不适合观测	适合观测其四颗卫星的位置

※ 鉴于天体的观测方法受天空昏暗程度、大气条件和观测时间的影响，本部分仅供参考。

※ 引用自威信官方网站（http://www.vixen.co.jp/howto/）

镜也没关系；但如果您经常需要随身携带并进行观测的话，那么大口径的望远镜就太重，太不方便了。

而且，天文望远镜往往难以组装，它们的宿命常常是待在仓库里落灰。最好是结合您自身的实际情况，选择在您生活环境中使用起来方便的望远镜。

近来，只要给智能手机上装上天文望远镜的目镜，也能轻松地进行天文摄影。市面上也有一些适配手机的产品售卖，可以先从月亮和行星开始，请您务必试着体验一下。

此外，若是要拍摄星云和星团，还有一种直焦摄影的法子，即直接把相机连接到望远镜上。

虽说前文中我也提到了，但在此还得重申一下：千万不要用望远镜看太阳。要观测太阳，要么使用专门的 H-α 望远镜，要么将太阳投射到望远镜上装的“太阳投影板”上再进行观测，不要直接观测。带小孩观测的时候请格外注意。

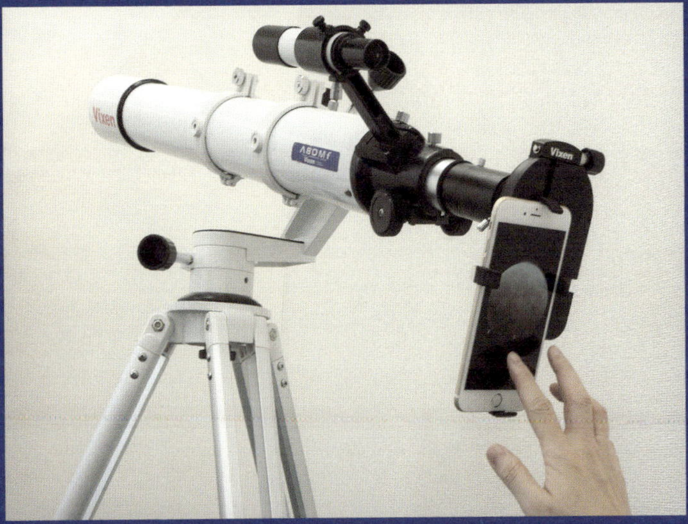

南半球星空看点

相比于我们所熟悉的北半球星座，南半球的星座大多是新面孔。15 世纪进入大航海时代后，大批北半球的人南下远航。人们见到了闻所未闻、见所未见的星空，便决心在其中划定全新的星座。

因此，与北半球不同，南半球星座的名字几乎不与希腊神话中登场的神有关，取而代之的是生活在南半球的生物、航海时所用的工具、当时发明的机械等等。了解了这些背景知识之后，我想，或许南半球的星座也称得上是散发着历史的余韵吧。

北半球星座的历史太过悠久，以至于我们已经弄不清楚它们是谁划定的了。而我们对南半球各星座的划定者却是一清二楚。

比如 18 世纪法国的天文学家尼古拉 · 路易 · 德 · 拉卡伊（Nicolas Louis de la Caille），就曾划定了包括显微镜座、圆规座、

八分仪座[1]、望远镜座在内的 14 个南天星座。拉卡伊划定星座时多以工具命名，新时代的气息扑面而来。

德国天文学家约翰·巴耶也设定了 12 个星座。其中包括剑鱼座、蝘蜓座（也叫变色龙座）、杜鹃座、孔雀座、飞鱼座、水蛇座等等，多是些生物的星座呢。

1　八分仪座现已弃用，改为了南极座。

南十字座

说起南半球最有名的星座，应该就是有着“南十字星”之称的南十字座了。虽说南十字座是全天 88 个星座中最小的一个，但是很多国家的国旗上都印有南十字星的图案，可见其对南半球人们的重要性。

把南十字座“十”字形的一竖向下延长到大约 4.5 倍，其终点就是南天极。这根延长线的正下方就是南方。因此，南十字星座是一个能为我们指示南方的重要星座。大航海时代的船员们，或许就是依靠这个星座来确定航行方向的吧。

爱好观星赏星的人们往往憧憬着能见上一回南十字座，可惜由于它全年都位于地平线以下，日本的大部分地区都看不到其身影[1]。要想在日本看到它的话，要去到冲绳以南的岛屿上，且有时间限制，请注意哟。5 月上旬的傍晚时分，我们可

1 中国的大部分地区也都观测不到南十字座。

↑煤袋星云

“十”字形的旁边有一个被称为“煤袋”的暗星云紧挨着它。宫泽贤治的童话《银河铁道之夜》中也出现过这个地方。

↑南十字座（右）和南天假十字（左）

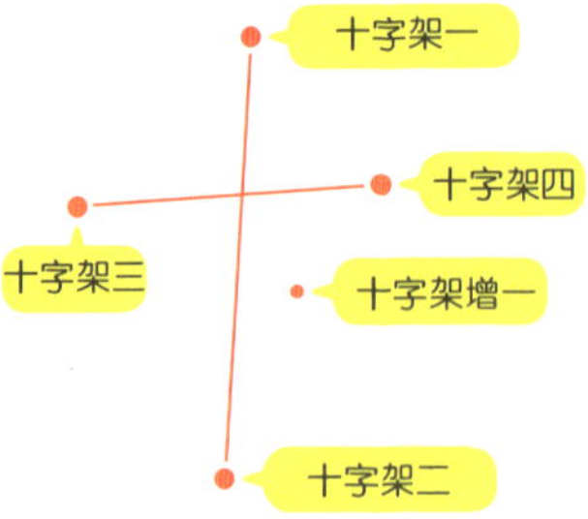

↑南十字座是一个有着两颗1等星的豪华星座，其 α 星为十字架二（Acrux），β 星为十字架三（Mimosa）。β 星在过去一直被叫作“Becrux”。

以在南方地平线上勉强观测到它。到了暑假的话，就算是去到冲绳也看不到啦。

越往南边走，南十字座在天空中的高度也会越高。因此若想好好对南十字座观赏一番，可以考虑去澳大利亚或者新西兰地区。

在观赏整齐挺立在天空中的南十字座时会发现，其西边还有一个呈相同十字排列的星群，即“南天假十字”。真正的南十字座在半人马座的 α 、β 星附近。

半人马座、豺狼座

半人马座出现在5月上旬22时许和6月上旬20时许的南方天空低空中。它上半身是人，下半身是马，和射手座的喀戎同属于半人马族。因为在本州附近半人马座的下半部分位于地平线以下，所以此处是看不到它的[1]。

半人马座的α星名为南门二（Alpha Centauri），是一个视星等为-0.27等的三合星系统。它距离我们只有4.3光年，对地球来说是第二近的恒星，仅次于太阳。请大家发挥一下想象力，假设我们从地球出发，乘坐一艘可达光速的火箭开始星际旅行，那么我们将航行约8分20秒的时间抵达太阳。然后再从那里出发，花费4.3年才能最终抵达这颗与太阳一样本身就在发光的恒星——南门二。

在到达终点之前，我们将在黑暗的宇宙中独自前行，不

1　此处指的是日本的本州地区。中国也仅有南方的少数几个省份能看到该星座。

会再遇到其他恒星。这么一想，宇宙真是一片广袤无垠又荒无“星”烟的空间呢。

被献给神明的狼

豺狼座就在半人马座的东边，天秤座的下边。对着星座图定睛观察，可以发现半人马的枪尖上正挑着一匹狼。那狼就是半人马为供奉神明而捕来的猎物。它被尖枪刺穿，一副可怜兮兮的模样，过去一直被称作“半人马的牺牲”[1]。

事实上，以前并没有豺狼座这个星座。这里原本是半人马座的一部分，在 1603 年发表的约翰·巴耶的星图（世界第一张全天星图）中才被单独以“豺狼”这个名字划分出来。现在半人马座和豺狼座是两个独立的不同的星座。

在本州附近，只有在十分接近地平线的低空才能看到它，也只有在 5 月中旬的 23 时许和 6 月中旬的 21 时许，豺狼座才会整个暴露在地平线以上。不过，即便处于上述时间内，日本也只有新潟县和福岛县以南的地区才可以看到豺狼座的全貌，

1 指为祭祀宰杀的牲畜。

位于半人马座腰部附近的 ω 星团是一个球状星团。以前人们误以为它是一颗 4 等星，才依据巴耶命名法，用希腊字母“ω”的给它命名。

再往北就只能看到豺狼座的上半部分了。

即便同属日本一国，北海道和冲绳地区的观星方式也因两地纬度的不同而不同。

↑南门二

↑位于半人马座的 NGC5139 ω 星团

↑位于半人马座的 NGC5128

在希腊神话中，阿卡迪亚王琉卡翁在神的宴会上用人肉冒充牛肉，天神宙斯因此发怒，将琉卡翁变成了一头狼，这也是豺狼座的由来。

↑位于豺狼座的 NGC5986

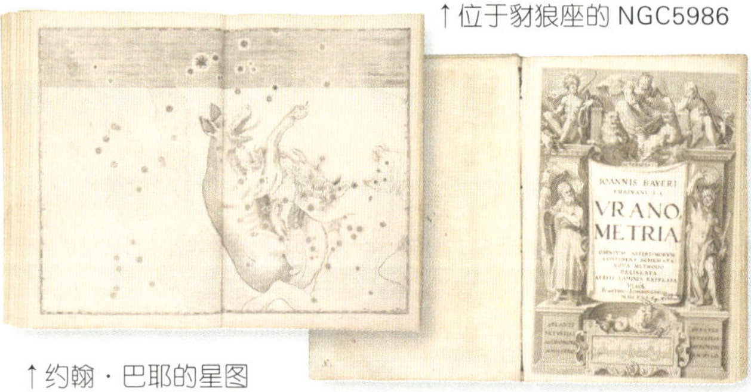

↑约翰·巴耶的星图

杜鹃座、剑鱼座

在日本，杜鹃座中的“杜鹃”并不指杜鹃鸟，而是指属于鴷形目的“巨嘴鸟”，顾名思义，就是喙很大的鸟。

而剑鱼座的拉丁语学名“Dorado”，本身就是剑鱼的意思。据说，因为剑鱼是金色的，最初这个星座也被叫作黄金鱼座，后来才改称为剑鱼座。无论是杜鹃座还是剑鱼座，只有在尽可能靠南的地方才能清楚地看到。

此外，在这两个星座的方向上还有大小麦哲伦云，因其为远航中的 16 世纪葡萄牙探险家麦哲伦所记录而得名。现已证实二者的星系身份，因而人们也称之为大小麦哲伦星系。

大小麦哲伦星云与我们之间的距离分别约为 16 万光年和 20 光年。因此，它们都不远。大麦哲伦云位于剑鱼座和山案座一带附近，而小麦哲伦云就在杜鹃座境内。

←剑鱼座

↓杜鹃座

1987年，人们曾在大麦哲伦云中观测到了超新星。人们发现这颗被命名为SN1987A的超新星的亮度曾一度达到了3星等，还从中探测到了这次爆炸中产生的中微子。

→大麦哲伦云

航海用具系列

圆规座、矩尺座、南三角座、南极座

半人马座附近有一些以工具名命名的星座。除了圆规、尺子，还有形似直角三角板的南三角座。这些工具常被船员们用于在海图上标记自己的位置，最终就变成了星座的名字来源。

南极座过去也叫作八分仪座，八分仪是用来测量星星角度的天体观测用具。春季星座里有一个六分仪座，其划定者是波兰天文学家约翰内斯·赫维留。而八分仪座的划定者是同样划定了很多南天星座的法国天文学家尼古拉·路易·德·拉卡伊。顺带一提，过去还有四分仪座（也叫象限仪座），不过现已废弃不用了。

→乌鲁鲁-卡塔丘塔国家公园（Uluru-Kata Tjuta National Park）

↑圆规座

↑矩尺座

↑南三角座

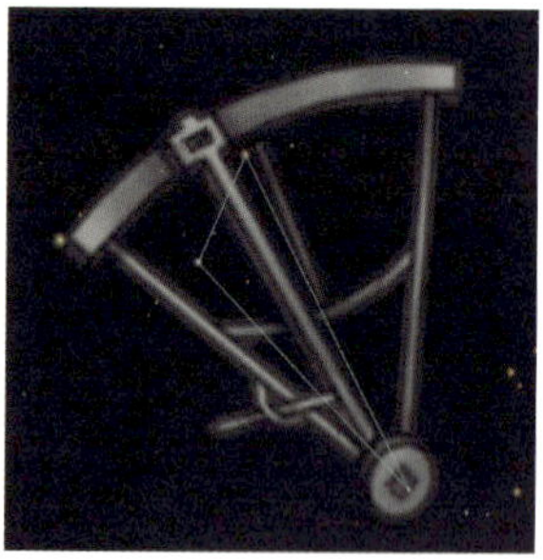

↑南极座

对于想要享受南天星空美景的人来说，澳大利亚的艾尔斯岩（乌鲁鲁－卡塔丘塔国家公园）、新西兰的特卡波湖（Lake Tekapo）、智利的阿塔卡马沙漠（Atacama Desert）等都是令人流连忘返的观星景点。

↑阿塔卡马沙漠

科学实验用具系列

望远镜座、显微镜座、网罟座、时钟座、天炉座、唧筒座

南北半球星座间最不同的特征就是，南半球星座中多有当时新兴的工具。也就是说在当时，人们发明了许多新的工具，并用它们为许多南天星座命名。其中就包括望远镜和显微镜等等，它们的发明极大地推动了科学的发展。

具体来说，网罟座的网罟来源于天体望远镜中用来瞄准导星的十字丝（瞄准器）；时钟座的原型是当时使用的摆钟；内含由众多星系构成的星系团的天炉座的“炉”则是化学实验用具，常被用来加热烧瓶等；而唧筒座的“唧筒”就是水泵的意思，这个星座名来自当时化学实验中用于排出装置里的空气、制造真空状态的真空泵。

它们都是尼古拉·路易·德·拉卡伊在1750年划定的新

星座。南半球的这些星座，与其说是把星星排列组合成一个现有的形状，不如说更多的是为了纪念当时的发明。

↑望远镜座

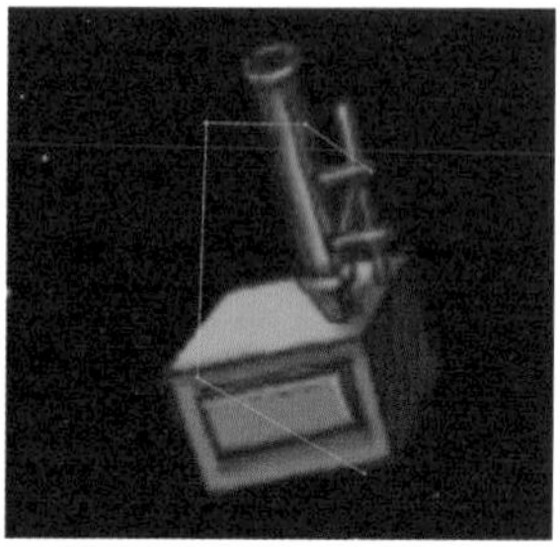

↑显微镜座

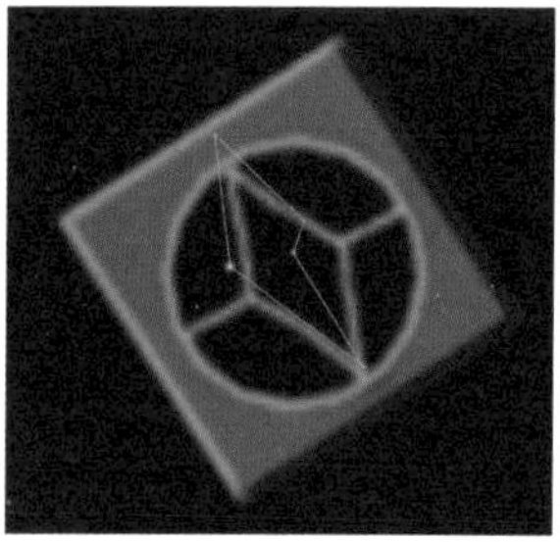

↑网罟座

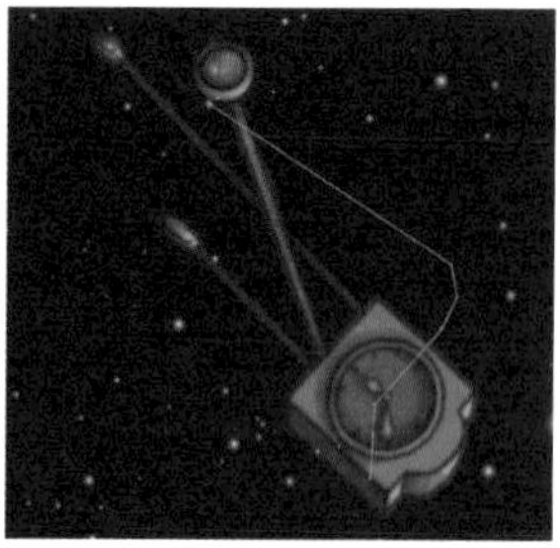

↑时钟座

↑天炉座

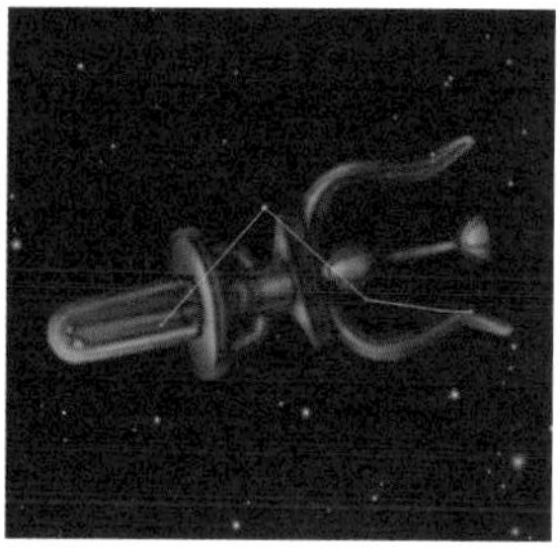

↑唧筒座

↑天炉座星系群

大航海时代以后，世界掀起了一阵划定新星座的风潮。一时间，把大麦哲伦云比作云朵的“蜘蛛座”“轻气球座”和拉朗德（Lalande）的“猫座”等星座被争相设定，但现在都已经被弃用了。

→位于天炉座的 NGC1097

美术用具系列

绘架座、雕具座、玉夫座

这些也是尼古拉·路易·德·拉卡伊所划定的星座。“绘架”指的是绘画时所使用的台子，也叫“画架”。

“玉夫座”最初叫作“雕刻室座”，它和雕刻时用到的工具们一起成为星座。玉夫座内有一个距离地球5亿光年、形状呈车轮般光环状的星系——车轮星系ESO350-40。天文学家认为，这个星系原本是一个像银河系般的旋涡星系，因为被另一星系撞击、穿越中心部后才形成了现在这个直径15万光年的巨大圆环，变成了车轮状。

↑ ESO350-40

↑绘架座

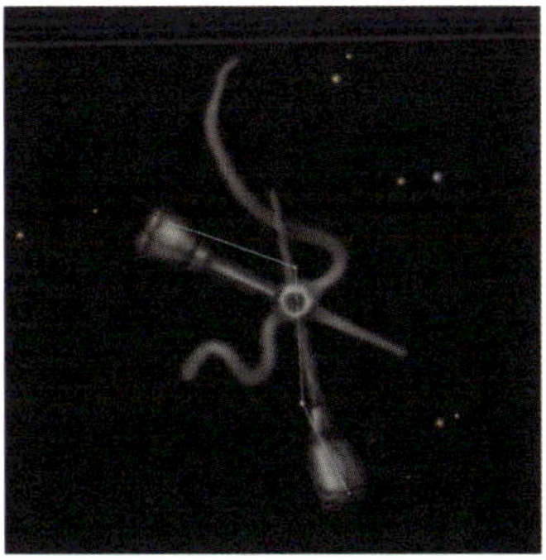

↑雕具座

在日本的冲绳地区，人们把星星（Hoshi）称作“Bushi”或者“Fushi”。昴星团称作“群星”（Murikabushi），把位于干支子（北）方向的北极星称作“子星”（Ninufabushi）。还把银河（Amanogawa）叫作“Tingaara”。

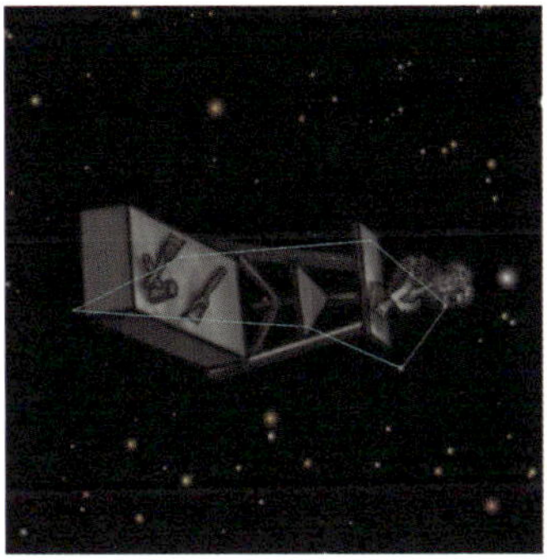

↑玉夫座

→位于玉夫座的 NGC253

美鸟系列

凤凰座、孔雀座、天燕座、天鹤座

凤凰座星座名称中的“凤凰”，实际上指的是西方人所说的“不死鸟”（Phoenix）。

孔雀座也是南天星座中的一个与鸟儿有关的星座，据说孔雀在希腊非常有名。

天燕座的“天燕”也被称为极乐鸟，是巴布亚新几内亚的国鸟，非常美丽。

天鹤座位于被称作“秋季第一星”的南鱼座北落师门的下方，附近有两颗并排的2等星。尽管在日本也能看到天鹤座，但仅在它掠过天北极南方的极短时间内才能在地平线附近看到。过去，天鹤座还曾被叫作“火烈鸟座”。

↑位于孔雀座的 NGC6872

↑凤凰座

↑孔雀座

↑天燕座

↑天鹤座

南半球的星星绕南天极方向做顺时针运动。假设我们身处南极点，由于头顶正上方就是南天极，所以在我们看来，天空中的星星都在绕天顶旋转。

↑南美洲智利的南方天体物理研究望远镜（SOAR）与呈弧形的南天群星

奇珍异兽系列

飞鱼座、水蛇座、苍蝇座、蝘蜓座

对于南半球的船员来说，飞鱼座应该是老相识了。最初在星座图上，这个星座仅有一个翅膀（胸鳍）。

位于大麦哲伦云和小麦哲伦云之间的则是水蛇座。与以怪物海德拉为原型的长蛇座不同，据说水蛇座的划定者，荷兰探险家彼得·凯塞尔（Peter Kessel）是以实际存在的水蛇为原型的。

苍蝇座十分靠近南十字星座，它的形状相对来说比较好辨认。所有的星座中，也只有苍蝇座是以昆虫为原型的星座。

而苍蝇座的旁边，还有一只正虎视眈眈地盯着它的，来自非洲南部马达加斯加的奇珍异兽——变色龙。这就是蝘蜓座（即变色龙座）。

↑位于苍蝇座的 NGC5189

↑飞鱼座

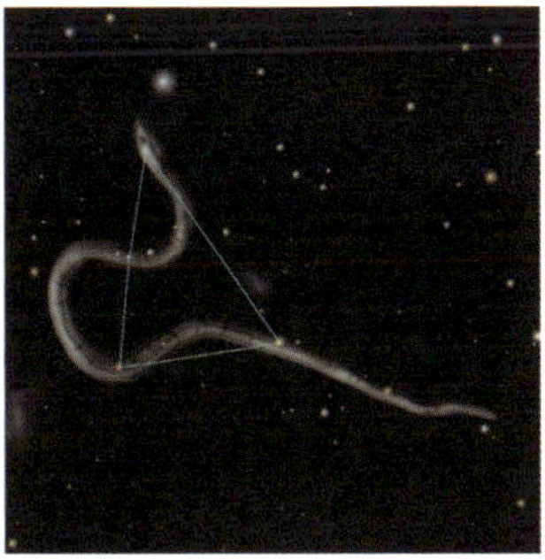

↑水蛇座

↑苍蝇座

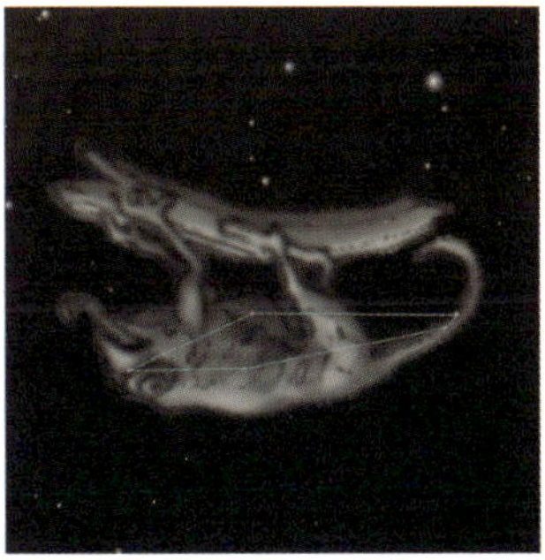

↑蝘蜓座

印加文明时期的人们在银河的暗星云中设想了大羊驼、蛇、蟾蜍等星座。不过，这些星座并非是由星星所围成的，而是由星体间的暗斑串联构成的。

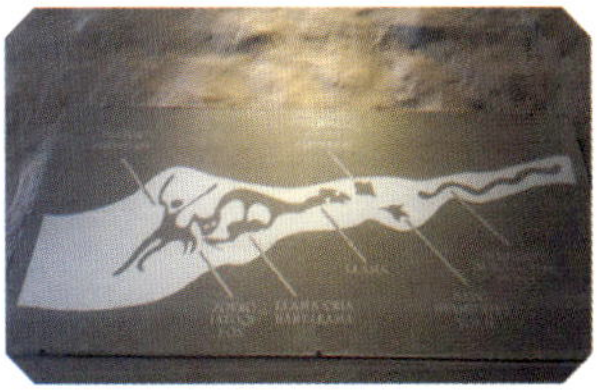

↑位于秘鲁库斯科的太阳神殿（Qoricancha）中展示的星座

圣物系列

南冕座、天坛座、波江座、印第安座、山案座

北半球有北冕座，与之相应，南半球也有南冕座。南冕座位于射手座的脚下，有人认为它是射手座的原型人物——喀戎——头上的冠冕。

天坛座则被认为是半人马座在供奉那头豺狼时用的祭坛。它位于天蝎座的南方，在日本几乎无法看到。

波江座的英文名“Eridanus”指的是一条希腊神话中的河流——埃利达努斯河。它从冬季星座的猎户座 α 星参宿七一直蜿蜒到南方。波江座的 α 星水委一（Achernar）的视星等约0.5等，名字意为“河流的终点”。在日本，只有鹿儿岛县和冲绳等地区才能看到它的身影。

近年，天文学家还在波江座 ε 星发现了系外行星，并推测那里很有可能存在和我们地球类似的行星。印第安座划定于

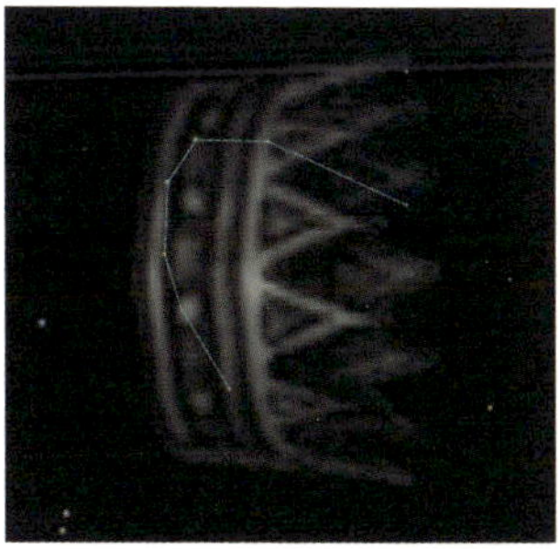

↑南冕座

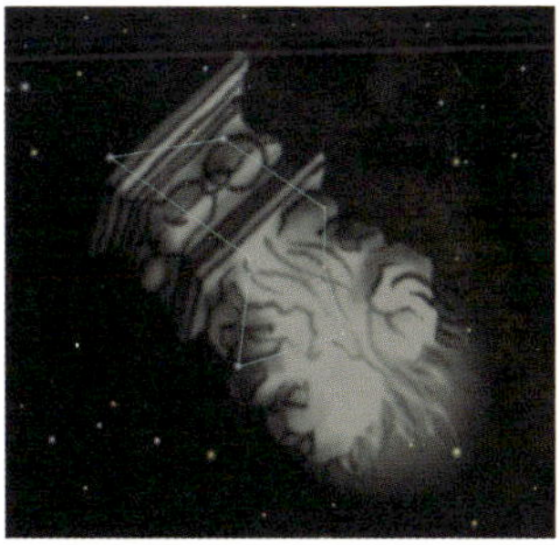

↑天坛座

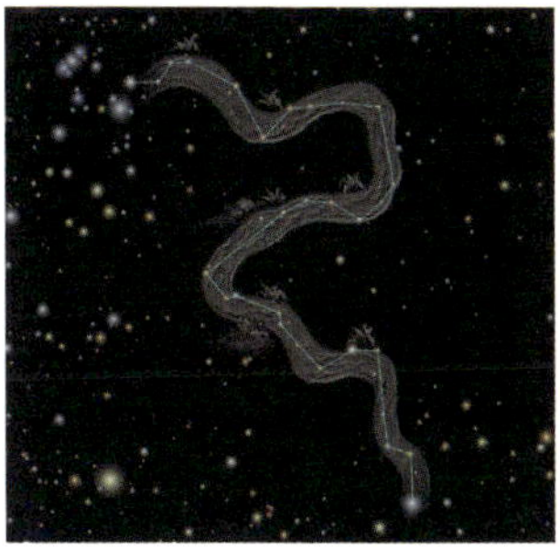

↑波江座

↑印第安座

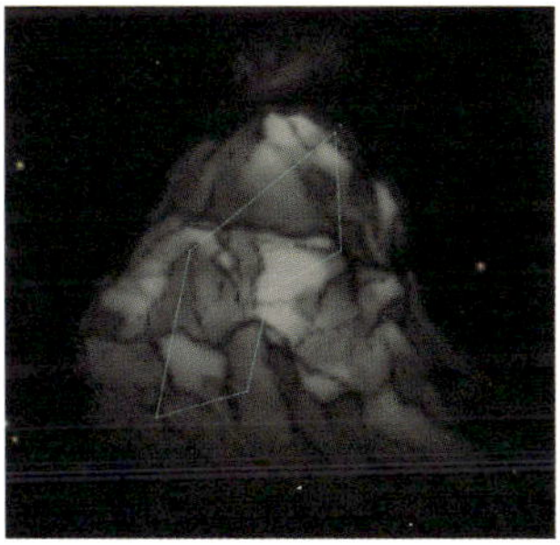

↑山案座

实际上，全天88个星座中只有蝘蜓座、山案座、南极座和天燕座四个在日本看不到，其余的星座都可以在冲绳等靠近南方地平线的地方看到。

↑波江座 ε 星系图

↑位于波江座的 NGC1535

15 世纪末大航海时代之初，是北半球的人们以南半球原住民族为原型创造的。

而山案座中所谓的“山案”，则是位于南非开普敦的“桌案山”，因其山顶平整如桌面而得名。自古以来，那里就有“祈福之地”的美称。

实际上，划定了许多南天星座的法国天文学家尼古拉·路易·德·拉卡伊就住在开普敦，他日复一日地观测着这些南半球的星星。对拉卡伊来说，山案座一定有着特殊的意义吧。

去天文馆看看吧！

日本拥有着超300家天文馆，仅次于美国，是世界上天文馆数量第二多的国家。大家在上小学的时候，是不是也去天文馆学习过星座知识呢？

有人说，人在一生中只会去三次天文馆：一次是在小学的课外学习活动中，一次是和恋人约会时，最后一次则是在孩子出生后与家人同去。可是，不多些去天文馆看看的话也太暴殄天物了！

如今天文馆里的设施丰富且齐全，比如可以看到整片

浩瀚星空的天象仪，它不仅可以介绍星座知识，还能讲述面向孩子的卡通人物故事、播放治愈系的音乐节目等等。不管您是单纯想要放松身心，还是想增进对星星的了解，都请按照您的生活习惯多来天文馆看看呀！

而且，由于许多天文馆都是县市主管运营的，参观质量高的同时价格还低！就比如我担任首席解说员的涩谷宇宙天文馆，成人仅需要花费 600 日元购买门票，就可以在这里使用最新的 4K 投影仪穿梭宇宙、观赏星座或欣赏音乐。而中小学生的门票价格更低，仅为 300 日元。天文馆不仅能让你躺在市中心的躺椅上静心观赏星空，而且门票价格低廉，真的很推荐。

我们再聊聊天象仪。1923 年，首个天象仪在德国诞生。

当时，海德堡巴登天文台的首席研究员马克斯·沃夫（Max Wolf）和德国博物馆的奥斯卡·冯·米勒（Oskar von Miller）委托德国的卡尔·蔡司公司为青少年制作能再现星星运行的机器。

而日本首个天象仪在 1937 年建成，设于大阪市立电气科学馆（现名为“大阪市立科学馆”）内。翌年，东京有乐町的东日天文馆开放，后于1945年在战争中被毁。

战后的1957年，东京都涩谷区的天文博物馆五岛天文馆开馆。此后，天文馆顺应着时代潮流不断发展。

2023年，我们迎来了天象仪诞生100周年。如今，有能够重现美丽星空的光学式天象仪、运用CG体验一口气飞向宇宙的数字式天象仪、兼具光学和数字的混合式天象仪和在明亮的环境中也能映照出星星的LED圆顶天象仪等等，各式各样。不知道未来的天象仪会变成什么样子呢？我非常期待。

只要人类不失去好奇心这双心灵的翅膀，相信我们的天文馆就会发展成越来越美妙的空间。

终章　仰望夜空的美好

我们的夜空之旅已接近尾声，您感觉如何呢？

其实，我们头顶的星星都会经过一系列过程，变成构成我们身体的各种元素。血液中所含的铁和骨骼中不可缺少的钙，都是群星在漫长岁月中制造出来的。这样想来，我们都是由星星的碎片所组成的呢。

我们赖以生存的地球，诞生于46亿年之前。如果地球离太阳再稍微近一些，地球上的水就会蒸发，也就不会形成海洋了。反过来，如果离太阳再远一些，那么汪洋大海可能也会被冻成冰川吧。

漫长的时间和一系列的偶然造就了现在这颗堪称奇迹的星球——地球。

我们人类就在地球上诞生、成长，在这里仰望星空，制作历法，传承神话，不断揭开着宇宙神秘的面纱。

关于人的思想是如何在夜空中驰骋，又是怎样一步步靠近宇宙谜团的问题，本书中都有涉猎。我自己也通过对天文学的学习，不断了解着宇宙中这个广阔无垠的世界——地球，不断了解着人们仰望夜空时的所思所想。请大家也试着张开想象力这双翅膀，在这浩大的世界中自由旅行吧！

星空会在我们的头顶上空闪耀一生，充盈我们的内心，丰富我们的人生。

永田美绘

图片来源

第 8—13 页、第 165 页 日本千叶市立乡土博物馆所藏

第 18—19 页、第 69 页、第 75 页、第 81 页、第 85 页上、第 105 页、第 113 页、第 117 页、第 127 页、第 129 页、第 131 页、第 135 页、第 145 页、第 155 页、第 177 页、第 194 页、第 222 页、第 226 页、第 230 页、第 250 页下、第 253 页、第 254 页、第 263 页 Alamy 图片库

第 28 页上、第 35 页、第 95 页下、第 143 页左、第 161 页、第 179 页、第 203 页、第 216 页上、第 237 页 日本国立天文台

第 28 页下 哈勃遗产小组（大学天文研究联合组织 / 空间望远镜研究所 / 美国航天局）

第 29 页上、第 233 页 让 · 德昂

第 29 页中 美国航天局，欧洲空间局与哈勃遗产小组（空间望远镜研究所 / 大学天文研究联合组织）– 欧洲空间局 / 哈勃合作中心

第 29 页下 喷气推进实验室 / 美国航天局，美国国家光学天文台，欧洲空间局与哈勃遗产小组，（空间望远镜研究所 / 大学天文研究联合组织）

第 31 页 M1 美国航天局，欧洲空间局，J. 海丝特与 A. 洛尔（亚利桑那州立大学）/ M2 美国航天局，欧洲空间局，空间望远镜研究所与 A. 萨拉杰迪尼（佛罗里达大学）/ M3 美国航天局，欧洲空间局，空间望远镜研究所与 A. 萨拉杰迪尼（佛罗里达大学）/ M4 欧洲空间局 / 哈勃 & 美国航天局 /M5 欧洲空间局 / 哈勃 & 美国航天局 /M15 美国航天局，欧洲空间局 /M16 美国航天局，欧洲空间局与哈勃遗产小组（空间望远镜研究所 / 大学天文研究联合组织）/M17 美国航天局，H. 福特（约翰斯 · 霍普金斯大学），G. 伊林沃思（加州大学圣克鲁兹分校），M. 卡尔平（空间望远镜研究所），G. 哈蒂格（空间望远镜研究所），ACS 科学团队与欧洲空间局 /M20 美国航天局，欧洲空间局与哈勃遗产小组（大学天文研究联合组织 / 空间望远镜研究所），感谢：F. 尤素福　扎德（美国西北大学）/M31 美国航天局，欧洲空间局，J. 达尔坎顿，B. F. 威廉斯与 L. C. 约翰逊（华盛顿大学），哈勃仙女座星系库与 R. 亨德勒 /M42 美国航天局，欧洲空间局，M. 罗伯托（空间望远镜研究所 / 欧洲空间局），哈勃太空望远镜猎户座项目组 /M51 美国

航天局，欧洲空间局，S. 贝克威思（空间望远镜研究所）与哈勃遗产小组（空间望远镜研究所 / 大学天文研究联合组织）/M63 欧洲空间局 / 哈勃 & 美国航天局 /M76 美国航天局，欧洲空间局，R. 韦德（宾夕法尼亚州立大学），与 H. 邦德（空间望远镜研究所）/M82 美国航天局，欧洲空间局与哈勃遗产小组（空间望远镜研究所 / 大学天文研究联合组织）；感谢：J. 加拉格尔（威斯康星大学），M. 芒廷（空间望远镜研究所）与 P. 普克斯利（美国国家科学基金会）/M90 美国航天局，欧洲空间局，空间望远镜研究所，V. 鲁宾（华盛顿卡内基研究所），D. 毛兹（特拉维夫大学）与 D. 费希尔（马里兰大学）/M96 欧洲空间局 / 哈勃 & 美国航天局与银河系外紫外线测量团队；感谢：R. 亨德勒 /M101 哈勃图片：美国航天局，欧洲空间局，K. 孔茨（约翰斯·霍普金斯大学），F. 布雷索林（夏威夷大学），J. 特劳杰（喷气推进实验室），J. 莫尔德（美国国家光学天文台），Y. –H. 朱（伊利诺伊大学，乌尔班纳）与空间望远镜研究所；加拿大 – 法国 – 夏威夷望远图片：加拿大 – 法国 – 夏威夷望远镜 /J. –C. 屈扬德尔 / 科伦；美国国家光学天文台图片：G. 雅各比，B. 博安南，M. 汉纳 / 美国国家光学天文台 / 大学天文研究联合组织 / 国家科学基金会 /M104 美国航天局与哈勃遗产小组（空间望远镜研究所 / 大学天文研究联合组织）/M106 美国航天局，欧洲空间局，哈勃遗产小组（空间望远镜研究所 / 大学天文研究联合组织）与 R. 亨德勒（来自哈勃遗产小组）；感谢：J. 高班尼

第 40 页左上、第 228 页 藤井旭

第 40 页右上 美国航天局，欧洲空间局，数字天空探测 2. 感谢：达维德 · 德马丁（欧洲空间局 / 哈勃）

第 40 页左中、第 40 页右中、第 40 页左下、第 79 页下、第 91 页、第 97 页、第 129 页、第 137 页、第 179 页左、第 182 页左、第 185 页、第 197 页、第 266 页上 美国航天局，欧洲空间局与空间望远镜研究所

第 40 页右下 美国航天局

第 47 页 普雷斯顿 – 戴奇斯

第 57 页 一位宇航员

第 59 页、第 109 页、第 167 页、第 123 页、第 207 页、第 246 页 佐佐木勇太

第 60 页 罗赫略 · 贝尔纳尔 · 安德烈奥

第 65 页 日本群马县立天文台

第 66 页 克里斯图丁
第 67 页下、第 79 页上 北山辉泰
第 71 页 德鲁 · 埃文斯
第 73 页、第 221 页 维基百科
第 77 页、第 93 页、第 115 页左下、第 141 页、第 149 页右、第 173 页左、第 212 页左下、第 212 页右下、第 215 页 名寄市立天文台
第 85 页下、第 95 页右上、第 95 页左中 欧洲空间局 / 哈勃 & 美国航天局
第 89 页 美国航天局，欧洲空间局，哈勃，哈勃遗珍档案
第 93 页下 格雷格 · 帕克
第 95 页左上 美国航天局，欧洲空间局，S. 贝克威思（空间望远镜研究所）与哈勃遗产小组（空间望远镜研究所 / 大学天文研究联合组织）
第 95 页右中 美国航天局，欧洲空间局，哈勃遗产小组（空间望远镜研究所 / 大学天文研究联合组织）与 R. 亨德勒（哈勃遗产小组）；感谢：J. 高班尼
第 99 页上 美国航天局与哈勃遗产小组（空间望远镜研究所 / 大学天文研究联合组织）
第 99 页下 事件视界望远镜合作组织
第 103 页 戴维 · 里特
第 110 页 欧洲空间局，美国航天局，与 J. 赫斯特（亚利桑那州立大学）
第 115 页上 美国航天局，欧洲空间局，哈勃 SM4 ERO 团队
第 115 页右下 臼田星体观测
第 119 页 罗伯特 · 亨德勒 /Stocktrek 图片库
第 137 页左上 美国航天局， 欧洲空间局，哈勃遗产小组（空间望远镜研究所 / 大学天文研究联合组织）
第 137 页右上 美国航天局，欧洲空间局，哈勃遗产小组（空间望远镜研究所 / 大学天文研究联合组织）
第 137 页左中、第 97 页、第 151 页下、第 252 页、第 257 页、第 259 页、第 260 页欧南台
第 137 页下 世界卫生组织
第 143 页右 美国航天局，欧洲空间局，哈勃遗产小组（空间望远镜研究所 / 大学天文

研究联合组织）– 欧洲空间局 / 哈勃合作中心
第 149 页左 斯科特 · 罗森
第 151 页上 美国航天局 / 钱德拉 x 射线中心 /M. 韦斯
第 157 页 斯巴鲁，日本国立天文台
第 168 页 欧洲空间局 / 哈勃，美国航天局，R. 詹森
第 177 页右 宇宙视界，由墨西哥国立自治大学天文研究所沃尔夫冈 · 斯特芬博士领导
第 179 页右 美国航天局，欧洲空间局，A. 哈吉安（滑铁卢大学）
第 182 页右 美国航天局 / 喷气推进实验室 – 加利福尼亚理工学院
第 184 页左、第 189 页 北原勇次
第 184 页右 N. A. 夏普 / 美国国家光学红外天文研究实验室 / 国家科学基金会 / 大学天文研究联合组织
第 190 页 美国航天局，欧洲空间局 & A. 范德胡芬
第 192 页 美国航天局，欧洲空间局与哈勃遗产小组（空间望远镜研究所 / 大学天文研究联合组织 – 欧洲空间局 / 哈勃合作中心；感谢：R. 昌达尔（托莱多大学）与 J. 米勒（密歇根大学）
第 196 页 ALMA 望远镜(欧南台/日本国立天文台/美国国家射电天文台),M. 麦格雷戈;美国航天局 / 欧洲空间局 / 哈勃，P. 考洛什；B. 萨克斯顿（美国国家射电天文台 /AUI/ 国家科学基金会）
第 199 页 欧洲空间局 / 哈勃 & 美国航天局，D. 琼斯，A. 里斯等人
第 208 页 美国航天局，欧洲空间局，哈勃遗产小组
第 212 页上 美国航天局，欧洲空间局，哈勃遗产小组（空间望远镜研究所 / 大学天文研究联合组织）
第 213 页 美国航天局，欧洲空间局，M. 罗伯托（空间望远镜研究所 / 欧洲空间局）与哈勃空间望远镜猎户座星云团队
第 216 页下、第 219 页、第 224 页、第 250 页右中 美国航天局
第 238 页、第 239 页 日本株式会社
第 245 页 欧南台 /S. 布吕尼耶
第 249 页 欧南台 / 数字天空探测 2

第 250 页左上 迈克尔 · 米勒，吉米 · 沃克

第 250 页右上 罗伯特 · 亨德勒，罗伯托 · 科隆巴里

第 257 页上 欧洲空间局 / 哈勃 & 美国航天局，D. 桑德，K. 谢思

第 258 页 美国航天局，欧洲空间局，加拿大宇航局，空间望远镜研究所

第 261 页 托洛洛山美洲天文台 / 美国国家光学红外天文研究实验室 / 南方天体物理研究望远镜 / 国家科学基金会 / 大学天文研究联合组织 /M. 帕雷德斯

第 266 页下 美国航天局，欧洲空间局，H. 邦德与 R. 恰尔杜洛（宾夕法尼亚州立大学）等人；加工：格拉迪丝 · 科伯（美国航天局 / 美国天主教大学）

第 267 页、第 269 页 日本涩谷宇宙天文馆

图书在版编目（CIP）数据

口袋观星指南 / （日）永田美绘著 ; 卞玉珍译.
广州 : 广东人民出版社, 2025. 8. -- ISBN 978-7-218
-17882-0

Ⅰ. P12-49

中国国家版本馆CIP数据核字第20249JF785号

著作权合同登记号　图字：19-2024-172号

KOUDAI GUANXING ZHINAN

口袋观星指南

[日]永田美绘　著　卞玉珍　译　

出 版 人：肖风华

责任编辑：吴福顺
责任技编：吴彦斌　赖远军

出版发行：广东人民出版社
地　　址：广州市越秀区大沙头四马路10号（邮政编码：510199）
电　　话：（020）85716809（总编室）
传　　真：（020）83289585
网　　址：https: //www. gdpph. com
印　　刷：北京中科印刷有限公司
开　　本：787毫米 × 1092毫米　1/32
印　　张：8.75　　**字　　数：**133千
版　　次：2025年8月第1版
印　　次：2025年8月第1次印刷
定　　价：68.00元

如发现印装质量问题，影响阅读，请与出版社（020-87712513）**联系调换。**
售书热线：（020）87717307

出 品 人：许　永
出版统筹：林园林
责任编辑：吴福顺
封面设计：海　云
内文排版：石　英
印制总监：蒋　波
发行总监：田峰峥

发　　行：北京创美汇品图书有限公司
发行热线：010-59799930
投稿信箱：cmsdbj@163.com

创美工厂
官方微博

创美工厂
微信公众号